AF619697

DÉFENSE

DES

COLONIES.

IV.

1. Description de la Colonie d'Archiac.

2. Paix aux Colonies. — Déclarations de M. M. Krejčí et Lipold.

3. Caractères généraux des Colonies, dans le bassin silurien de la Bohême.

PAR

JOACHIM BARRANDE.

> Vos colonies ont glorieusement gagné du terrain.
>
> W. Haidinger.

Une carte et des profils.

Chez l'auteur et éditeur.

à Prague
Kleinseite, Nr. 419, Choteksgasse.

à Paris
Rue de l'Odéon Nr. 22.

25 Mars 1870.

Imprimerie de Charles Bellmann à Prague.

Nouvel Hommage,

A nos honorables confrères, M. M. les membres de la Société Géologique de France et à nos honorables amis scientifiques de tous les pays.

La première partie de cette publication était destinée à paraître, il y a déjà plus d'une année, lorsque la fatale nouvelle de la disparition du Vicomte d'Archiac est venue nous plonger dans le deuil et le silence.

L'Académie des sciences de Paris, par sa récente élection, ayant mis fin à la manifestation publique de ce deuil de la géologie, il nous semble que, sans faire trève à nos sincères sentimens de regret pour l'illustre savant et ami que nous avons perdu, et sans heurter aucune convenance, il nous est permis, dès aujourd'hui, d'accomplir le devoir scientifique, qu'il nous a imposé par son dernier ouvrage. C'est la confirmation d'une vérité contestée, que nous avons à présenter, malheureusement devant un tombeau.

Nous espérons, que tous les géologues accorderont leur sympathie aux sentimens que nous exprimons.

Nous avons aussi la confiance, qu'ils nous sauront gré de leur exposer la phase nouvelle et toute pacifique, dans laquelle vient d'entrer la question des Colonies.

Prague, 25. Mars 1870.

J. Barrande.

Table analytique des matières.

Page.

I.

Description de la colonie d'Archiac.

Description de la colonie d'Archiac.

Introduction.

Dans l'ouvrage sémi-officiel, publié au commencement de 1868, sous le titre de *Paléontologie de la France,* le Vte d'Archiac fait une excursion en Belgique, pour avoir l'occasion de mentionner deux mémoires de M. Edouard Dupont. L'un est intitulé: *Notice sur le Calcaire Carbonifère de la Belgique et du Hainaut français,* 1862; et l'autre: *Essai d'une carte géologique des environs de Dinant,* 1865.

Après avoir analysé le contenu de ces remarquables publications, l'illustre académicien ajoute les observations suivantes, (p. 58.)

„On voit dans ce dernier travail, quelles singulières relations s'établissent entre les diverses assises d'un système, lorsque des plis simples, complexes et répétés et des bassins renversés viennent à être accidentés par plusieurs séries de failles. On comprend bien alors ces réapparitions d'une même faune à des niveaux différens, ces *colonies*, ces soi-disant alternances, toutes ces prétendues anomalies, qui ne sont en réalité que des *illusions stratigraphiques,* résultats d'une appréciation incomplète de faits jugés sur des apparences déceptives.“

Le sens de cette manifestation anti-coloniale se réduit à dire:

Il y a des plis, des failles, des renversemens, simulant des réapparitions d'une même faune, à divers niveaux, dans le calcaire carbonifère de la Belgique. Donc, les colonies siluriennes de la Bohême ne sont que des *illusions stratigraphiques.*

Il serait bien superflu de nous évertuer à démontrer aux géologues, qui sont en pleine possession de leur jugement, que l'existence de dislocations quelconques, dans le terrain carbonifère de la Belgique, ne prouve nullement, que les colonies du bassin silurien de la Bohême doivent leur origine à de semblables perturbations du sol.

Mais, comme les termes du passage cité supposent implicitement, qu'il existe dans notre zone coloniale des dislocations analogues à celles de la Belgique, nous ferons remarquer, qu'un géologue que personne ne soupçonnera de partialité en faveur de nos colonies, s'est chargé de formuler, de la manière la plus positive et la plus claire, la seule réfutation, qu'il nous semble convenable d'opposer à la supposition du Vte d'Archiac.

Ce géologue est M. le Prof. J. Krejčí, qui, dans sa déclaration du 16 Novembre 1869, reproduite ci-après, considère comme un devoir de reconnaître, que les colonies de notre bassin ne peuvent point être expliquées par des dislocations du terrain.

Ainsi, après de nouvelles études, entreprises sous l'influence d'impressions primitives, totalement opposées à nos interprétations stratigraphiques, notre ancien adversaire est arrivé à cette conclusion, loyalement exprimée, que l'origine de nos colonies ne peut pas être attribuée à des perturbations mécaniques du sol.

En présence de cette déclaration, quelle valeur scientifique peuvent avoir les inductions imaginaires du Vicomte d'Archiac, qui n'a jamais mis le pied sur notre terrain et qui même affirmait ne pas lire nos publications sur les colonies?

D'un autre côté, le juge le plus compétent dans la connaissance des dislocations du terrain carbonifère de la Belgique s'est chargé de montrer, que cet ordre de faits, apprécié par un esprit non préoccupé, n'empêche nullement de reconnaître l'indépendance d'un autre ordre de faits, auquel nos colonies doivent leur origine.

Ce géologue est M. Edouard Dupont, qui, après avoir achevé ses recherches, invoquées par le Vte d'Archiac, nous écrivait en 1865:

„Quel est le géologue, qui a étudié en détail un terrain, et qui n'y reconnait pas quelques indices de ce phénomène étrange: *Les colonies?* Depuis longtemps j'avais un grand désir, Monsieur, de recourir à vous, au sujet de plusieurs de ces faits, que j'ai cru reconnaître," etc.

Ainsi, M. Edouard Dupont, exempt de toute préoccupation, n'a pas confondu les phénomènes dûs aux perturbations dynamiques du sol de son pays, avec les phénomènes coloniaux de la Bohême. Au contraire, sa haute intelligence a su distinguer les indices de ces derniers, au milieu et malgré l'intensité des premiers.

Nous nous trouvons ainsi dispensé d'établir un parallèle entre le bassin carbonifère de Dinant, si remarquable par ses nombreuses dislocations et notre zone coloniale, non moins remarquable par l'absence de toute perturbation.

De même, la déclaration de M. le Prof. J. Krejčí, que nous venons de citer, nous dispensant d'opposer des documens stratigraphiques à la manifestation anti-coloniale du Vte d'Archiac, nous nous félicitons hautement, de ce que la tâche que nous avons à remplir en cette occasion, est exempte de toute apparence de polémique.

Un sage de l'antiquité, pour répondre à un contradicteur, qui niait le mouvement, se mit à marcher.

Pour répondre à un nouveau contradicteur, qui nie l'existence des apparitions coloniales, nous allons décrire une nouvelle colonie.

Nous la nommons: ***Colonie d'Archiac***, afin que ce nom illustre contribue à attirer sur elle l'attention des savans, en leur rappelant, combien certaines intelligences, même parmi les plus élevées, ont peine à permettre aux pionniers de la géologie, d'ouvrir des sentiers nouveaux, qui ne coincident pas strictement avec les voies antérieurement tracées, par les communs labeurs des maîtres de la science.

Nous appèlerons successivement l'attention sur les sujets d'étude qui suivent:

Chap. 1. Situation topographique de la colonie d'Archiac.
Chap. 2. Elémens pétrographiques et stratigraphiques de la colonie.
Chap. 3. Elémens paléontologiques de la colonie.
Chap. 4. Formations de la bande **d 5**, entre lesquelles la colonie est enclavée.
Chap. 5. Parallèle entre la colonie et la bande **e 1**, au droit de Ržépora.
Chap. 6. Parallèle entre la colonie d'Archiac et les colonies voisines, sur les contours opposés du bassin.
Chap. 7. Explications relatives à la carte de la colonie d'Archiac et des environs de Ržépora.
Chap. 8. Explication des sections verticales du terrain.

Chap. 1. Situation topographique de la colonie d'Archiac.

La colonie d'Archiac se trouve sur le contour Nord-Ouest de notre bassin calcaire, près du village de Ržépora.

Ržépora est situé au Sud-Ouest de Prague, à la distance d'environ 9 kilomètres, en ligne droite, sur la chaussée qui conduit à Karlstein.

La colonie d'Archiac s'étend presque parallèlement à cette chaussée, du coté du Nord-Ouest, et elle aboutit aux dernières maisons du village. Sa surface est indiquée sur notre carte par la teinte bleu clair, semblable à celle de notre bande **e 1**.

Comme toutes nos enclaves coloniales, cette colonie figure une lentille très alongée, dont nous ne pouvons pas exactement reconnaître les deux extrémités. Celle du Nord-Est est cachée, en partie, sous les terres cultivées; mais elle ne peut être très éloignée du point extrême que nous figurons, parcequ'on voit distinctement, sur les talus de la chaussée de Stodulek, que sa largeur diminue très rapidement.

Vers le bout opposé, ou Sud-Ouest, la colonie disparaît subitement sous les maisons extrêmes du village et sous les jardins, qui occupent le fond du petit vallon arrosé par le ruisseau venant de Zbužan. Il est impossible d'observer ses traces plus loin dans cette direction, parce que tout le terrain est couvert d'une masse épaisse de terre végétale ou de détritus.

D'après les contours de la partie visible, on peut croire qu'environ la moité de la colonie se trouve cachée vers le Sud-Ouest. Dans tous les cas, la longueur accessible aux observations est d'environ 700 mètres. La plus grande largeur, mesurée sur la surface du sol, est d'environ 120 mètres. Si l'on considère que l'inclinaison moyenne des couches est à peu près de 45°, cette largeur horizontale correspond à une épaisseur approximative de 85 à 90 mètres, dans la série verticale.

Notre carte montre, sur le bord Nord-Ouest de la colonie, une échancrure très prononcée, qui diminue notablement sa largeur dans le voisinage du village. Cette échancrure correspond à la formation des gros bancs de quartzites, X, que nous mentionnons ci-après, en décrivant les couches de **d 5**, qui sont placées au-dessous de la colonie (p. 32.)

Cette apparence anguleuse dans le contour de l'enclave coloniale semble indiquer, qu'elle a commencé à se déposer dans une anse, à l'abri d'une saillie, ou promontoire, formé par les bancs de quartzites, X, dont nous parlons.

Notre carte montre, que la colonie est sensiblement parallèle aux contours extérieurs de notre division supérieure, représentée au Sud du village, par les deux bandes **e 1—e 2** de notre étage **E**, qui sont très facilement reconnaissables, et qui sont indiquées par les nuances bleues sur notre carte.

La distance horizontale, moyenne, entre la colonie et le contour extérieur de notre bande **e 1**, est d'environ 640 mètres. En admettant une inclinaison moyenne de 45°, l'épaisseur verticale des dépôts quelconques, interposés entre la colonie et la base de l'étage **E**, peut être évaluée à peu près à 450 mètres.

En jetant un coup d'oeil sur notre section O. M. N. P. fig. 1, on reconnaîtra aisément, qu'une partie considérable

c. à d. environ un tiers de cette épaisseur, est occupée par des coulées des Trapps. Ainsi, les dépôts sédimentaires, dont la puissance pourrait indiquer approximativement l'intervalle de temps, qui sépare l'apparition coloniale de celle de la première phase de notre faune troisième, ne dépassent guère la hauteur de 300 mètres.

Chap. 2. **Elémens pétrographiques et stratigraphiques de la colonie.**

I. Masse sédimentaire.

La masse sédimentaire, qui compose la colonie, consiste dans des schistes argileux, très fissiles, exempts de toute altération métamorphique, et présentant des apparences variées, dans l'épaisseur de cette enclave.

1. Vers la base et sur une hauteur d'environ 30 à 40 mètres, ces schistes sont généralement noirs et conformes au type habituel des schistes à Graptolites. C'est aussi dans ces couches inférieures de la colonie que nous observons la plus grande fréquence et la meilleure conservation des empreintes graptolitiques. Mais, parmi ces schistes bien caractérisés, il existe d'autres couches minces, de diverses couleurs contrastantes. Les unes offrent une nuance grise, les autres sont d'une couleur claire, blanchâtre ou jaunâtre. La plupart d'entre elles n'ont que quelques centimètres d'épaisseur. Nous retrouvons, dans diverses localités, des alternances semblables des schistes noirs à Graptolites avec des couches diversement colorées.

2. La partie supérieure de la colonie se compose de schistes gris, très fissiles et qui offrent peu de consistance. Bien qu'ils renferment des impressions fréquentes de Graptolites, ils s'éloignent notablement par leur aspect des schistes graptolitiques, proprement dits. Mais, ils reproduisent l'apparence des schistes que nous avons nommés *impurs* dans la colonie Krejčí, dont ils constituent la masse principale, comme dans la colonie d'Archiac. *(Bull. de la Soc. Géol. de France. Ser. 2. Vol. XVII, p. 623—1860.)* Il semblerait, que ces schistes impurs proviennent d'un mélange de la matière des schistes gris-jaunâtres de la bande **d 5**, combinée avec celle des schistes noirs à Graptolites.

3. Outre les impressions graptolitiques, qui communiquent également à ces deux masses schisteuses le caractère colonial, nous ferons remarquer, que les schistes impurs placés à la partie supérieure de la colonie, renferment encore les empreintes d'un autre fossile, éminemment caractéristique de la faune coloniale, comme des premières phases de la faune troisième, savoir: *Cardiola interrupta* Sow.

4. Enfin, le caractère colonial est également imprimé à ces deux masses schisteuses, dans toute leur hauteur, par la présence de sphéroides calcaires, assez fréquens et irrégulièrement disséminés entre leurs couches. Ces sphéroides, plus ou moins aplatis et souvent elliptiques, offrent un grand diamètre très variable, à partir de quelques centimètres jusqu'à 0m.60 et au delà. Mais, ils sont tous invariablement composés de calcaire noir, dit anthracolite. La plupart d'entre eux renferment une proportion considérable de pyrite de fer, qui n'est point mêlée avec la masse, mais isolée par parties distinctes, sans forme définissable.

La position de ces sphéroides entre les schistes est toujours conforme aux lois de la statique, en ce que le grand axe de chacun d'eux est invariablement parallèle au plan du gisement, c. à d. à la surface de dépôt des couches schisteuses.

Ce sont ces sphéroides qui renferment presque tous les fossiles de la colonie, à l'exception des Graptolites et de *Cardiola interrupta*, dont nous venons de signaler aussi la présence dans les schistes ambians.

II. Trapps de la colonie.

La masse sédimentaire, ou schisteuse, que nous venons de décrire, comme formant le corps principal de la colonie, est associée avec quelques coulées de Trapps.

Nous devons les considérer comme constituant une partie intégrante de cette enclave, parcequ'elles concordent avec les schistes à Graptolites, dans leur direction et dans leur inclinaison, indiquant une origine contemporaine.

Notre carte montre, d'abord, deux coulées placées à la base de la colonie, c. à d. immédiatement au-dessous des schistes noirs à Graptolites et formant la limite entre ces schistes et les formations sous-jacentes de la bande **d 5.** Voir la carte et la section fig. 2.

1. En partant de l'extrémité Sud-Ouest, la première et la plus considérable de ces deux coulées aboutit sur la rue du village, à quelques pas de la dernière maison. Cette coulée se distingue, en ce point, par l'apparence toute particulière de la roche dont elle est composée et qui rappèle l'aspect de certains minerais de fer.

Mais, dans son prolongement vers le Nord-Est, cette roche reprend les apparences terreuses et verdâtres, que présentent la plupart des coulées aux environs de Rżépora, sur leur surface en décomposition.

L'épaisseur de cette première nappe de Trapps varie entre 2 et 4 mètres, dans les affleuremens visibles et elle est un peu exagérée sur notre section fig. 2. Sa longueur visible ne dépasse pas 150 mètres, mais ses deux extrémités, cachées sous le sol, échappent à nos observations.

2. La seconde coulée, à la base de la colonie, est encore moins considérable que la première, car sa longueur visible n'excède pas 20 mètres. Son épaisseur, en partie cachée sous la terre végétale, ne peut pas être exactement appréciée; mais, selon toute apparence, elle s'élève à peine à quelques mètres. La roche est verdâtre et terreuse.

Cette petite coulée formait, à la surface du sol arable, un mamelon aride et incommode pour la culture. Pour ce motif le propriétaire du champ a entrepris récemment de le raser et nous avons constaté, vers la fin de l'automne, en 1869, que cette opération était presque achevée. Ainsi, lorsque la surface sera de nouveau réglée et aplanie au niveau du reste du champ, toute trace de cette coulée aura complètement disparu sur le terrain, et elle ne sera conservée que sur notre carte ci-jointe.

Dans l'une de nos dernières visites sur ce point, dans le but d'exploiter les sphéroides calcaires mis au jour par les fouilles autour de cette coulée, nous avons trouvé dans l'un d'eux un très beau pygidium de *Dalmanites orba*, c. à d. du seul Trilobite de cette colonie. D'après la position de ce sphéroide, dans le voisinage des Trapps, il est clair, que cette espèce se trouvait parmi les premiers immigrans de la colonie d'Archiac, avec divers Graptolites. Comme la même forme reparaît à diverses hauteurs, dans les sphéroides de cette enclave, nous voyons que son existence a été persistante dans cette localité.

3. Une troisième masse de Trapps, entièrement enclavée dans la colonie, vis-à-vis la première coulée, mérite notre attention, par diverses circonstances.

Elle figure une surface arrondie vers l'extrémité Nord-Est, et son diamètre visible est d'environ 30 à 40 mètres. Au contraire, vers l'extrémité opposée, sa largeur se réduit successivement jusqu'à quelques mètres, au droit des maisons. Bien que l'échelle de notre carte soit considérable, elle ne nous a pas permis de rendre sensible la bifurcation de cette extrémité. Cette bifurcation consiste en ce que la coulée se divise en deux nappes, parallèles, laissant entre elles un intervalle d'environ 1.^{m} 60 de largeur. Ces deux nappes sont très régulières et offrent toutes les apparences extérieures de deux couches sédimentaires, intercalées entre les schistes à Graptolites. Chacune d'elles présente une semblable épaisseur d'environ 2 mètres. Les schistes graptolitiques, qui séparent ces deux coulées, ne se distinguent en rien de ceux qui composent les masses schisteuses au-dessus et au-dessous de ces roches plutoniques. Nous ne distinguons pas même, au contact des trapps, un durcissement notable de la roche schisteuse. On pourrait donc, au premier aspect, considérer tout cet ensemble comme formé par une série régulière de dépôts sédimentaires, de diverse nature pétrographique. Mais la roche trappéenne n'est pas méconnaissable.

Nous avons figuré ces apparences, sur notre section fig. 3, prise au point K de la carte. Cette section représente une paroi à-peu-près verticale, qui a été mise à nû très récemment, pour creuser une cour dans le côteau, autour de la maison Nr. 69.

Si l'on examine attentivement les deux nappes trappéennes, on reconnaît aisément, que la roche qui les compose, possède une structure semicristalline et grenue, dont la nuance grise est variable et tend à devenir verdâtre. De petits cristaux blancs, dont elle est parsemée, lui donnent un aspect porphyroide. Cette apparence diffère notablement de celle que nous observons à l'extrémité opposée de la même coulée, qui est complètement terreuse et verdâtre.

Cette différence peut être attribuée, en grande partie, à ce que la partie élargie de la coulée, formant saillie au dessus du sol, a été longtemps exposée aux actions atmosphériques, qui l'ont décomposée, jusqu'à une profondeur de plus d'un mètre. Les détritus résultant de la désaggrégation de cette roche, sont exploités par les cultivateurs, pour l'amendement de leurs terres.

Au contraire, la section des deux coulées, qu'on voit dans la cour de la maison Nr. 69, montre la roche vive et exempte de toute décomposition. Il est probable, que l'influence des agens atmosphériques fera disparaître peu à peu les différences que nous venons de signaler et augmentera l'intensité de la nuance verte.

La forme que nous avons dû donner à cette masse trappéenne sur notre carte, d'après les parties de son contour qui sont visibles, serait probablement moins régulière, si l'on pouvait l'observer directement, sur toute son étendue. Malheureusement, les détritus entassés vers le bas du côteau rendent ces observations impossibles et nous ne pouvons pas déterminer le point, ou se séparent les deux nappes décrites.

Comme nous ne voyons aucun prolongement de cette masse de Trapps vers le Nord-Est, nous serions porté à considérer son extrémité arrondie comme représentant ce qu'on nomme une *cheminée*, dans les terrains volcaniques. En partant de cette supposition, on pourrait concevoir, que la matière trappéenne en fusion s'est déversée à l'extérieur par la même cheminée, à deux époques différentes. Il en serait résulté deux coulées, ou nappes, séparées par les sédimens déposés pendant le même intervalle de temps.

En présentant cette interprétation, avec toute réserve, nous ajouterons, que les apparences de ces coulées méritent l'attention, parcequ'elles constituent un des caractères distinctifs de cette colonie. En effet, dans le voisinage, on ne retrouve nullepart cette combinaison de deux coulées jumelles.

4. Notre carte montre une quatrième coulée, qui est figurée en contact avec les couches supérieures de la colonie, au droit des maisons du village. Comme ce contact n'est pas distinctement exposé sur le terrain et comme d'ailleurs, cette coulée s'éloigne notablement de la colonie dans la majeure partie de son étendue, nous ne la considérons pas comme faisant partie de cette enclave.

Chap. 3. **Elémens paléontologiques de la colonie d'Archiac.**

Nous présentons, dans le tableau qui suit, les noms de toutes les formes spécifiques, dont nous avons constaté l'existence dans cette colonie, en faisant remarquer, que tous ces fossiles ont été recueillis sur place, de nos propres mains. A l'exception des Graptolites, dont la majeure partie se trouve dans les schistes noirs ou gris, toutes les autres espèces ont été extraites des sphéroides calcaires, enfermés dans ces schistes, dans toute la hauteur verticale occupée par l'enclave coloniale.

Nr.	Genres et Espèces de la Colonie d'Archiac	Faunes siluriennes															
		I	II					III									
		C	D					E		F		G			H		
			d1	d2	d3	d4	d5	e1	e2	f 1	f 2	g1	g2	g3	h1	h2	h3
							Col.										
	Crustacés.																
1	Dalmanites orba Barr.	.	.	.	.	.	+	+	.	.	.	.	.	.	.	.	.
2	Ceratiocaris inaequalis Barr.	.	.	.	.	.	+	.	+	.	.	.	.	.	.	.	.
3	Entomis? migrans Barr.	.	.	.	.	.	+	.	+	.	.	.	.	.	.	.	.
	Céphalopodes.																
1	Orthoc. contumax Barr.	.	.	.	.	.	+	.	.	.	+	.	.	.	.	.	.
2	O. dorulites Barr.	.	.	.	.	.	+	.	+	.	.	.	.	.	.	.	.
3	O. originale Barr.	.	.	.	.	.	+	+	+	+	.	.	.	.	.	.	.
4	O. Panderi Barr.	.	.	.	.	.	+	+	+	.	.	.	.	.	.	.	.
5	O. repetitum Barr.	.	.	.	.	.	+	+	+	+	.	.	.	.	.	.	.
6	O. semiannulatum Barr.	.	.	.	.	.	+	.	.	.	.	.	.	.	.	.	.
7	O. sertiferum Barr.	.	.	.	.	.	+	.	.	.	.	.	.	.	.	.	.
8	O. styloideum Barr.	.	.	.	.	.	+	+	+	+	.	.	.	.	.	.	.
9	O. testis . . Barr.	.	.	.	.	.	+	.	.	.	.	.	.	.	.	.	.
10	O. timidum Barr.	.	.	.	.	.	+	+	+	.	.	.	.	.	.	.	.
11	O. truncatum Barr.	.	.	.	.	.	+	+	+	.	.	.	.	.	.	.	.
12	O. valens . Barr.	.	.	.	.	.	+	+	+	+	.	.	.	.	.	.	.
13	O. zonatum Barr.	.	.	.	.	.	+	+	+	.	.	.	.	.	.	.	.
	Ptéropodes.																
1	Hyolithes aduncus Barr.	.	.	.	.	.	+	.	+	.	+	.	.	.	.	.	.
	Gastéropodes.																
1	Bellerophon tardus Barr.	.	.	.	.	.	+	.	+	.	.	.	.	.	.	.	.
2	Capulus compressus Barr.	.	.	.	.	.	+	+	+	.	.	.	.	.	.	.	.
3	Cirrus sp. . . . Barr.	.	.	.	.	.	+	.	+	.	.	.	.	.	.	.	.
4	Murchisonia terebrans Barr.	.	.	.	.	.	+	.	.	.	.	.	.	.	.	.	.
5	Natica plebeia . Barr.	.	.	.	.	.	+	.	+	.	.	.	.	.	.	.	.
6	Pleurotomaria humilis Barr.	.	.	.	.	.	+	.	+	.	.	.	.	.	.	.	.
7	Pleur. *sp.* . . . Barr.	.	.	.	.	.	+	.	+	.	.	.	.	.	.	.	.
8	Pleur. *sp.* . . . Barr.	.	.	.	.	.	+	.	+	.	.	.	.	.	.	.	.
9	Ecculiomphalus subuloideus . . Barr.	.	.	.	.	.	+	.	+	.	.	.	.	.	.	.	.

Nr.	Genres et Espèces de la Colonie d'Archiac	Faunes siluriennes															
		I	II					III									
		C	D					E		F		G			H		
			d1	d2	d3	d4	d5	e1	e2	f1	f2	g1	g2	g3	h1	h2	h3
						Col.	Col.										
	Brachiopodes.																
1	Atrypa Sappho . Barr.	.	.	.	.	.	+	+	+	.	.	.	.	.	.	.	.
2	Atrypa obovata Sow.	.	.	.	.	+	+	.	+	.	.	.	.	.	.	.	.
3	Leptaena bracteola Barr.	.	.	.	.	.	+	.	.	.	.	.	.	.	.	.	.
4	Lept. comitans Barr.	.	.	.	.	.	+	.	.	.	.	.	.	.	.	.	.
5	Lingula regulata Barr.	.	.	.	.	.	+	.	.	.	.	.	.	.	.	.	.
6	Orthis mulus . Barr.	.	.	.	.	+	+	.	.	.	.	.	.	.	.	.	.
	Acéphalés.																
1	Cardiola fibrosa . Sow.	.	.	.	.	.	+	+	.	.	.	.	.	.	.	.	.
2	Card. gibbosa . Barr.	.	.	.	.	.	+	+	.	.	.	.	.	.	.	.	.
3	Card. interrupta Sow.	.	.	.	.	.	+	+	+	.	.	.	.	.	.	.	.
4	Card. longifida . Barr.	.	.	.	.	.	+	.	.	.	.	.	.	.	.	.	.
5	Card. pulchella . Barr.	.	.	.	.	.	+	.	.	.	.	.	.	.	.	.	.
6	Avicula capitata . Barr.	.	.	.	.	.	+	.	.	.	.	.	.	.	.	.	.
	Graptolites.																
1	Rastr. peregrinus Barr.	.	.	.	.	.	+	+	.	.	.	.	.	.	.	.	.
2	Graptolithus Becki Barr.	.	.	.	.	.	+	+	.	.	.	.	.	.	.	.	.
3	Gr. Bohemicus Barr.	.	.	.	.	.	+	+	+	.	.	.	.	.	.	.	.
4	Gr. colonus . Barr.	.	.	.	.	.	+	+	+	.	.	.	.	.	.	.	.
5	Gr. floridus . Barr.	.	.	.	.	.	+	.	.	.	.	.	.	.	.	.	.
6	Gr. Nilssoni . Barr.	.	.	.	.	.	+	+	+	.	.	.	.	.	.	.	.
7	Gr. nodulosus Barr.	.	.	.	.	.	+	.	.	.	.	.	.	.	.	.	.
8	Gr. nuntius . Barr.	.	.	.	.	.	+	+	.	.	.	.	.	.	.	.	.
9	Gr. priodon . Bronn.	.	.	.	.	.	+	+	+	.	.	.	.	.	.	.	.
10	Gr. quadrans . Barr.	.	.	.	.	.	+	+	.	.	.	.	.	.	.	.	.
11	Gr. Roemeri . Barr.	.	.	.	.	.	+	+	+	.	.	.	.	.	.	.	.
12	Gr. sagittarius ? His.	.	.	.	.	.	+	.	.	.	.	.	.	.	.	.	.
13	Gr. Sedgwicki Portl.	.	.	.	.	.	+	.	.	.	.	.	.	.	.	.	.
14	Gr. spinigerus Nichol.	.	.	.	.	.	+	.	.	.	.	.	.	.	.	.	.
15	Gr. tenuissimus Barr.	.	.	.	.	.	+	+	.	.	.	.	.	.	.	.	.
16	Diplograptus Bohemicus Barr.	.	.	.	.	.	+	.	.	.	.	.	.	.	.	.	.
17	Dipl. folium . His.	.	.	.	.	.	+	.	.	.	.	.	.	.	.	.	.
18	Dipl. palmeus . Barr.	.	.	.	.	.	+	+	.	.	.	.	.	.	.	.	.
19	Dictyonema Bohemica Barr.	.	.	.	.	.	+	+	+	.	.	.	.	.	.	.	.

Nous ferons remarquer, que les 57 espèces énumérées sur le tableau, qui précède, ont été trouvées sur une surface très limitée et peu accessible. Nous allons parcourir les divers ordres et familles, qui sont représentés dans cette faune coloniale

Crustacés.

Les formes qui représentent les Crustacés dans cette colonie, sont peu nombreuses comme dans les autres enclaves coloniales, situées dans la bande **d 5.** Elles se réduisent aux trois espèces que nous allons indiquer.

1. Les Trilobites ne nous ont fourni qu'une seule espèce, *Dalmanites orba,* dont les fragmens sont assez fréquens. Parmi ceux qui appartiennent à la tête de cette espèce, les uns offrent une granulation fine et les autres une granulation très forte. On pourrait donc les considérer comme représentant deux variétés. Nous rappelons, que nous avons déjà distingué ces deux variétés en 1852, en décrivant les spécimens de ce Trilobite, recueillis dans les schistes de la bande **e 1**, près de Borek. *(Syst. Sil. de Boh.-I. p. 560. Pl. 26.)*

Nous ferons remarquer, que tous les fragmens découverts dans la colonie d'Archiac étaient renfermés dans des sphéroides d'anthracolite, ou calcaire noir.

La rareté des Trilobites dans la colonie d'Archiac contraste avec leur fréquence relative dans les sphéroides de calcaire bleu de l'étage **E**, qui sont en place, dans le voisinage immédiat de Ržépora, sur le chemin de Lochkow, c. à d. au Sud du village. Ces roches nous ont déjà fourni 8 genres et 8 espèces. Nous allons revenir sur ce fait, dans le parallèle entre ces deux formations, ci-après, Chap. 5.

2. *Ceratiocaris inaequalis* Barr. *(Syst. Sil. de Boh. Vol. I. suppl. Pl. 19.)* est représenté dans la colonie d'Archiac par plusieurs fragmens, qui consistent dans les pointes isolées, mais très reconnaissables de l'appendice caudal. Cette espèce se trouve aussi dans les sphéroides calcaires de la colonie de Béranka et dans les couches schisteuses de notre bande **e 1**, tandisque *Cerat. Bohemicus* se montre plus fréquemment dans notre bande **e 2**.

3. Parmi les Ostracodes de notre étage **E**, *Entomis migrans* Barr. *(Syst. sil. de Boh. Vol. I. Suppl. Pl. 24)* se distingue par des stries longitudinales très prononcées, par rapport à sa petite taille. Cette forme se trouve également dans la colonie d'Archiac, avec les mêmes ornemens. Elle établit donc une nouvelle connexion entre la faune coloniale et la faune troisième.

Avec cette espèce, nous trouvons une autre forme, qui semblerait différente, au premier coup d'oeil, parceque sa surface est complètement lisse. Mais, en considérant son contour et la forte rainure, ou entaille, qui la divise en deux parties égales, nous sommes porté à croire, qu'elle représente seulement le moule interne de *Entomis migrans.*

Céphalopodes.

Cet ordre ne paraît représenté jusqu'ici, dans la colonie d'Archiac, que par 13 formes du genre *Orthoceras.* Notre tableau, sur lequel ces formes sont rangées par ordre alphabétique, montre, que 3 d'entre elles ne sont connues que dans cette colonie, savoir: *Orth. semiannulatum — sertiferum — testis.* Il y en a 9, qui reparaissent dans les bandes de l'étage **E**. Une seule, *Orth. contumax*, offre une longue intermittence et reparaît seulement dans notre bande **f 2**.

On remarquera, que les 9 espèces qui reparaissent dans l'étage **E**, sont du nombre de celles qui offrent la plus grande fréquence dans cet étage. Cependant 3 d'entre elles seulement: *Orth. styloideum-truncatum-valens* se retrouvent sur l'horizon de l'étage E dans le voisinage de Ržépora, où nous avons recueilli un assez grand nombre d'autres espèces du même genre. Au contraire, *Orth. contumax*, que nous retrouvons seulement dans la bande **f 2**, paraît extrêmement rare sur cet horizon comme dans la colonie d'Archiac.

Parmi les 9 espèces, qui font leur réapparition dans les bandes **e 1**—**e 2**, plusieurs se retrouvent dans d'autres colonies de la bande **d 5**. Ainsi, nous connaissons déjà: *Orth. originale-styloideum-timidum-truncatum-valens*-dans la colonie Krejčí et presque tous dans la colonie de Branik. De même, *Orth. originale - valens*, existent dans la colonie de Béranka, et ailleurs.

L'absence complète du genre *Cyrtoceras*, dans la colonie d'Archiac, est un des caractères de la faune coloniale, qui mérite l'attention des paléontologues. Nous rappelons à cette occasion, que ce type n'a fourni jusqu'ici, dans les colonies, que 2 espèces, représentées chacune par un seul spécimen, savoir: *Cyrt. plebeium* dans la colonie Krejčí et *Cyrt. advena* dans la colonie de Béranka.

Il ne faut pas perdre de vue, que le type *Cyrtoceras* est totalement inconnu, jusqu'à ce jour, dans la faune seconde de notre bassin, comme dans celle de la grande zone centrale d'Europe. Ce fait nous aide à comprendre l'extrême rareté de ses premiers avantcoureurs, dans la faune coloniale. Nous voyons ensuite ses représentans notablement plus nombreux dans la bande **e 1**, qui en possède 26. Mais, ce chiffre est bien éloigné du nombre extraordinaire de 201 formes, qui se manifestent durant un espace de temps relativement court, c. à d. dans une hauteur peu considérable, dans notre bande calcaire **e 2**.

Parmi les 18 autres genres de Céphalopodes, qui caractérisent, soit notre faune seconde, soit notre faune troisième, aucun n'est représenté dans nos colonies.

Ptéropodes.

Cet ordre n'a fourni dans la colonie d'Archiac qu'une seule espèce: *Hyolithes aduncus* Barr. qui n'est connu que par un seul exemplaire, très bien conservé. Cette forme se retrouve dans notre bande **e 1** et dans notre bande **e 2**, où elle est assez fréquente. Elle reparaît dans la bande **f 2**, après une intermittence, correspondant à la hauteur de la bande **f 1**.

Gastéropodes.

Les nombres de 7 types et de 9 espèces de cet ordre, que nous avons observés dans la colonie d'Archiac, quoique n'étant pas absolument considérable, méritent cependant d'être remarqués, à cause de la rareté relative des Gastéropodes, dans les autres colonies.

Parmi ces 9 formes spécifiques, nous n'en reconnaissons aucune, qui soit identique avec les espèces caractéristiques de la faune seconde. Au contraire, toutes nous semblent exister dans notre faune troisième. Mais, notre travail sur les fossiles de cet ordre n'est pas encore assez avancé, pour que nous puissions donner tous les noms spécifiques.

Nous ferons remarquer, que chacune de ces formes est représentée par un petit nombre d'exemplaires, et plusieurs par un seul, dans la colonie d'Archiac.

Brachiopodes.

La colonie d'Archiac ne nous a fourni jusqu'ici que 6 espèces de Brachiopodes, représentant 4 genres.

1. *Lingula regulata* paraît exclusivement propre à cette colonie.

2. *Atrypa Sapho*
3. *Atrypa obovata* } sont deux des espèces les plus communes dans notre faune troisième, où elle se reproduisent sur les divers horizons indiqués sur notre tableau qui précède. Nous rappelons que *Atr. obovata* avait déjà existé dans la col. Zippe, c. à d. sur l'horizon de la bande **d 4**.

4. *Leptæna bracteola*, qui reparaît dans notre bande **e 1**, se retrouve encore dans la bande **e 2**, mais ne se propage pas au-dessus de cet horizon. Nous remarquons, que la seule localité, où les individus sont fréquens sur l'horizon de la bande **e 1**, est située près de Borek, c. à d. sur le bord opposé du bassin calcaire, par rapport à Řžépora.

5. *Lept. comitans,* qui reparaît dans notre bande **e 1**, se propage, au contraire, à travers toute notre division supérieure, puisque nous la retrouvons dans notre bande **h 1**. Cependant, durant cette longue existence, elle semble avoir éprouvé plusieurs intermittences en Bohême.

6. *Orthis mulus* reparaît dans notre bande **e 2**, où ses spécimens sont assez fréquens. Mais, cette espèce doit attirer surtout notre attention, parcequ'elle est une de celles qui ont fait leur première apparition dans la col. Zippe, c. à d. sur l'horizon de la bande **d 4**, comme *Atrypa obovata,* que nous venons de citer.

Acéphalés.

Cet ordre est représenté dans la colonie d'Archiac par 5 espèces du genre *Cardiola.* Deux de ces formes paraissent exclusivement propres à cette colonie, tandisque les 3 autres se reproduisent dans notre faune troisième. On sait que *Card. interrupta* est un des fossiles les plus caractéristiques de nos bandes **e 1**—**e** 2 et surtout de cette dernière. Les 2 autres espèces, *Card. fibrosa* et *gibbosa,* qui reparaissent dans la bande **e 1**, ne se propagent pas au-dessus de cet horizon.

Nous rappelons, que ces 3 espèces de *Cardiola*, qui reparaissent dans la faune troisième, ont déjà été signalées dans d'autres colonies et notamment dans la col. Krejčí et la col. de Branik, etc.

Nous avons encore recueilli dans la colonie d'Archiac une autre forme de cet ordre, que nous nommons *Avicula capitata.* Elle y est très rare et paraît exclusivement propre à cette enclave.

Graptolites.

Parmi les 19 formes de cette famille, que nous énumérons sur notre tableau, qui précède, il y en a 7, qui sont exclusivement propres à la colonie d'Archiac, savoir :

Grapt.	floridus . . .	Barr.		Grapt.	spinigerus . .	Nichol.
Gr.	nodulosus . .	Barr.		Diplogr.	Bohemicus	. Barr.
Gr.	sagittarius? .	His.		Dipl.	folium . . .	His.
Gr.	Sedgwicki .	Portl.				

Les 12 autres espèces ont reparu dans notre faune troisième et pricipalement dans la bande **e 1**. Quelques unes se propagent cependant jusque dans notre bande **e 2**.

La plupart de ces formes ont été déjà signalées dans d'autres colonies et principalement dans les colonies Krejči et Haidinger. Nous aurons occasion, plus tard, d'indiquer les autres colonies, dans lesquelles nous avons aussi constaté leur présence.

Nous devons faire observer, que *Diplogr. Bohemicus* offre une forme très analogue à celle que nous nommons *Diplogr. teres* dans notre bande **d 5**, c. à d. dans notre faune seconde. L'une et l'autre sont très apparentées avec *Diplogr. teretiusculus* His. caractérisant la même faune en Scandinavie et en Angleterre. Nous ne conaissons aucune forme analogue dans notre faune troisième. Ainsi, ce Graptolite établit une connexion entre la faune coloniale et la faune seconde. Ce fait mérite d'être remarqué.

Outre les Graptolites, proprement dits, nous avons découvert dans la colonie d'Archiac, *Dictyonema Bohemica*, Barr., dont l'existence n'a été reconnue dans aucune autre colonie. Cette forme nous paraît identique avec celle qui se trouve assez fréquemment sur l'horizon de notre bande **e 2**, et plus rarement dans la bande **e 1**.

Nous devons constater, que nous n'avons rencontré dans la colonie d'Archiac aucune trace *d'Encrines* ni *de Polypiers*. Ce caractère négatif est commun à presque toutes nos autres colonies, tandisque les fossiles de ces deux ordres sont assez communs dans notre bande **e 2**. Ils sont, au contraire, relativement rares dans notre bande **e 1**, ce qui semble indiquer un progrès successif dans leur apparition en Bohème.

Chap. 4. **Formations de la bande d 5, entre lesquelles la colonie d'Archiac est enclavée.**

Nous avons à considérer, d'abord, les formations de **d 5** placées dans la série verticale au-dessous de la colonie et ensuite les formations situées au-dessus de cette enclave et qui sont par conséquent interposées entre elle et la base de la bande **e 1**.

I. Formations placées sous la colonie.

Les dépôts inférieurs à la colonie, dans la série verticale, sont figurés dans la partie Nord-Ouest de notre carte, ci-jointe, et sur la partie gauche de nos sections fig. 1 et fig. 2.

Sur la carte et les sections, la couleur jaune indique les dépôts sédimentaires de **d 5**, c. à d. des schistes gris et des quartzites, alternant le plus souvent par couches minces et subrégulières. Mais, sur trois horizons parallèles, indiqués par les lettres: Z — Y — X — les quartzites deviennent prédominans, à l'exclusion presque totale des schistes. Cette prédominance se manifeste par la superposition de plusieurs bancs de roche quartzeuse, dont quelques uns atteignent ou dépassent l'épaisseur d'un mètre. Cependant, ce dépôt siliceux n'est pas uniforme sur les trois horizons signalés. Le *minimum* correspond à l'horizon le plus bas Z, tandisque le *maximum* s'observe, au contraire, sur l'horizon le plus élevé, X, c. à d. immédiatement au-dessous de la colonie d'Archiac. Il nous est aisé d'établir ces comparaisons, parceque les gros bancs en question ont été recherchés depuis long temps comme matériaux de construction. Leurs affleuremens ont donc été mis au jour par des carrières, qui restent ouvertes et dont nous avons figuré l'étendue horizontale, sur notre carte. Ces excavations atteignant la profondeur de quelques mètres, concourent à nous montrer la direction générale et normale des couches dans cette localité, comme leur inclinaison semblable vers le Sud-Est.

Ces carrières nous permettent aussi de constater un fait singulier, qui se manifeste de la même manière vers l'extrémité Nord-Est de chacune des masses principales de quartzites X et Y. Ce fait consiste en ce que les bancs très réguliers de cette roche, au lieu de se prolonger dans leur direction normale, s'infléchissent semblablement vers le Nord, suivant une courbe continue et sans aucune fracture. Puis, ils disparaissent totalement, à la distance de quelques mètres. Cette circonstance seule a empêché la prolongation des carrières vers le Nord-Est, malgré les tentatives des habitans du village, pour se procurer des matériaux. Plusieurs d'entre eux nous ont exprimé leur regret à ce sujet et ils sont maintenant forcés d'aller chercher la pierre à bâtir dans les couches calcaires de notre étage **G**, vers le Sud-Est de Ržépora.

Dans les premiers temps où nous avons observé la brusque cessation des gros de bancs quartzites X et Y, il nous a semblé, que ces apparences pouvaient être interprétées comme résultant d'une dislocation de la même nature que celles qu'on nomme: *rejet horizontal.* Nous en avons décrit un exemple remarquable dans les couches de notre étage **G**, à l'Ouest du village de Klukovitz, dans le vallon de St. Procope, aux environs de Prague. *(Déf. des col. III. p. 127—1865).* Mais, après avoir étudié avec attention et exactement tracé sur notre carte tous les détails des formations de cette localité, nous avons dû renoncer à cette première interprétation, d'après les considérations suivantes.

1. On peut remarquer, que les masses de quartzites X et Y sont disposées de manière, que l'extrémité de la première vers le Nord-Est, ne correspond point à l'extrémité Sud-Ouest de la seconde, ce qui aurait dû avoir lieu, si elles avaient été séparées l'une de l'autre par un rejet horizontal.

2. Si on compare les coulées de trapps, qui sont à peu-près en contact avec chacune des deux masses X et Y, on reconnaît, qu'elles occupent des positions diamétralement opposées. La coulée, située à la base de la colonie, repose immédiatement sur les gros bancs de X. Au contraire, la coulée voisine des gros bancs Y est placée au-dessous de ces bancs, dans la série verticale. Ces circonstances ne peuvent pas être expliquées par une dislocation horizontale.

3. Les schistes noirs à Graptolites de la colonie constituent une masse considérable, presque immédiatement au-dessus des gros bancs de quartzites X, tandisqu'il n'existe aucune trace de ces schistes, ni au dessus, ni au dessous des bancs épais de Y.

4. Nous rappelons aussi que, malgré la grande analogie qui existe dans les apparences des masses X et Y, on ne peut les considérer comme identiques, ni sous le rapport de leur épaisseur, ni sous celui de la nature minérale des couches dont elles sont composées.

5. Enfin, la masse Z, qui occupe la position la plus basse et la plus reculée vers le Nord, diffère encore plus notablement des deux autres masses, par la réduction très marquée dans l'épaisseur des bancs de quartzites. Elle n'est accompagnée par aucune coulée de trapps, placée au contact, ni par aucun dépôt de schistes à Graptolites.

Cette masse Z, paraît se prolonger assez loin vers le Nord-Est, car on trouve ses traces dans diverses essais de carrières, le long du chemin, qui s'étend suivant cette direction et qui est tracé à peu près sur l'arête culminante de la colline. Notre carte montre, que cette ligne coïncide avec la direction générale des formations dans cette localité.

Il nous semble presque superflu de faire remarquer à nos lecteurs, exercés dans les recherches stratigraphiques, que les considérations exposées suffisent pour démontrer également, que les apparences des 3 masses de quartzite, X—Y—Z, ne peuvent être attribuées, ni à des failles, ni à des plis, ni à un rejet horizontal.

Puisque les dislocations ne peuvent pas rendre raison de ces apparences stratigraphiques, nous devons leur chercher une autre origine. Celle qui nous paraît la plus vraisemblable consisterait à concevoir que, pendant le dépôt des sédimens, il existait, au droit du point Y, un petit promontoire ou angle saillant, à l'abri duquel se sont déposées les matières siliceuses, qui constituent les couches de quartzites de cette masse. Plus tard, une structure topographique semblable aurait également donné lieu aux dépôts quartzeux de la masse X.

A l'Est de ce promontoire, le contour du rivage aurait formé une petite anse, dans laquelle se sont déposés les schistes à Graptolites, qui représentent la base de la colonie. Ce dépôt aurait d'abord comblé cette anse et il se serait ensuite étendu plus loin vers le Sud-Ouest, en recouvrant la coulée de trapps placée sur les gros bancs de quartzites X.

Nous accepterons volontiers toute autre interprétation plus vraisemblable des apparences stratigraphiques de cette localité.

Abstraction faite des bancs épais de quartzites, sur lesquels nous venons d'appeler l'attention spéciale de nos lecteurs, tout le reste des formations sédimentaires, placées au-dessous de la colonie, dans la série verticale, se compose de schistes gris et de quartzites, alternant par lits minces, en diverses proportions, comme nous les observons habituellement dans la bande **d 5**. Mais, au contact des coulées de trapps, figurées sur notre carte, les couches schisteuses ont été partiellement durcies et ont pris un aspect siliceux. Cependant, cette altération n'est pas générale et nous observons des parties de schistes terreux et sans consistance, jusque dans le voisinage immédiat des trapps.

Dans tous les cas, ces roches altérées, ou non alterées, conservent également l'empreinte très distincte des espèces caractéristiques de la faune seconde. Parmi ces formes, nous citerons celles que nous avons recueillies à diverses reprises, de nos propres mains:

1. Trinucleus Goldfussi . Barr.
2. Hyolithes elegans . Barr.
3. H. undulatus Barr.
4. Leptaena aquila . . Barr.
5. Serpulites Bohemicus Barr.
6. Cystidea Bohemica . Barr.

Nous devons faire remarquer, que tous ces fossiles se trouvent aussi dans les schistes durcis, qui reposent immédiatement sur la coulée extrême de trapps, figurée vers le sommet Nord-Ouest de notre carte. Comme plusieurs de ces espèces existent dans notre bande **d 4**, en diverses localités, nous devons considérer l'horizon qu'ils occupent près de Ržépora comme placé près de la limite des deux bandes contigues **d 4—d 5**. Le sol étant couvert par une couche épaisse de terre végétale au delà de cette dernière coulée, nous ne pouvons pas indiquer cette limite d'une manière plus précise. Mais, en se dirigeant vers le Nord-Ouest, on retrouve à quelque distance, les couches de **d 4**, à découvert, et notamment près d'une chapelle isolée, nommée *na Krtny*, et qui s'élève sur un petit mamelon dominant le terrain.

Nous avons encore à signaler une particularité relative aux schistes durcis, au contact de la coulée extrême, dont nous venons de parler. C'est qu'ils renferment, dans le voisinage du ruisseau, des sphéroides calcaires, dont la couleur n'est pas noire, mais bleuâtre, ce qui les distingue des sphéroides de la colonie d'Archiac. Ces roches ayant été fouillées sous le sol, il y a longues années, dans un but industriel, nous avons pu y trouver, à diverses reprises, des têtes très bien conservées de *Trinucleus Goldfussi.* Nous y avons également découvert *Leptaena aquila.* L'existence de fossiles caractéristiques de la faune seconde, dans des sphéroides calcaires, sur l'horizon de la bande **d 4**, est un fait que nous avons observé sur plusieurs points de notre bassin, et que nous avons signalé en 1852, dans notre *Esquisse géologique (Syst. sil. de Boh. Vol. I. p. 69.)*

Après avoir ainsi reconnu la nature des roches sédimentaires, placées verticalement au dessous de la colonie, et figurées sur la carte vers le Nord-Ouest de cette enclave, il nous reste à mentionner les coulées de trapps, coloriées en rouge et qui sont situées dans cette région. Ces coulées sont au nombre de 3 et leur existence est facile à constater, parceque chacune d'elles forme sur le sol un tertre ou une arête saillante, impropre à la culture, au moins sur une partie de sa longueur. D'ailleurs, les fragmens de trapps, disséminés sur la surface, ne permettent pas à un géologue d'ignorer la position de ces coulées.

Chacune d'elles figure une lentille alongée; forme qui est bien en harmonie avec l'origine et la fluidité primitive de ces roches plutoniques. Notre carte montre, que les deux coulées situées vers l'extrémité Nord-Ouest du terrain décrit disparaissent près du ruisseau venant de Tržebonitz, sous l'accumulation de la terre végétale, qui cache environ la moitié de chacune d'elles. La roche est grenue et verdâtre. Elle se décompose partiellement à l'air, tandisque certains blocs détachés se conservent intacts à la surface du sol et sur les berges du petit ruisseau.

II. Formations de **d 5** *placées au-dessus de la colonie.*

Il serait difficile de tracer une limite parfaitement exacte entre la partie supérieure de la colonie, composée de schistes gris très friables, et la formation immédiatement superposée de **d 5**, qui présente des schistes semblables. Cependant, nous croyons que cette limite est indiquée avec une approximation suffisante sur notre carte. Pour l'établir, nous nous sommes guidé par la présence ou l'absence des sphéroides calcaires et en même temps par la réapparition des fossiles caractéristiques de la faune seconde.

En effet, l'expérience de longues années nous a enseigné, que tous les sphéroides calcaires ou anthracolites de cette région renferment exclusivement des formes caractéristiques de la faune troisième. Leur présence indique donc l'étendue verticale et horizontale de la colonie. Par contraste, nous nous sommes assuré en même temps que, sur l'horizon où les sphéroides disparaissent, les schistes gris présentent un mélange des espèces coloniales avec les espèces caractéristiques de la bande **d 5**. Cet horizon doit donc être considéré comme correspondant à la limite supérieure de l'enclave coloniale.

Le point où nous avons constaté ce mélange, est à la distance d'environ 120 mètres vers le Nord, à partir de la petite coulée de trapps, située à l'embranchement de l'ancien chemin et de la nouvelle chaussée, qui conduisent vers Stodulek. C'est surtout à l'époque, où cette chaussée a été construite, qu'il nous a été possible de faire ces recherches, d'une manière relativement facile et fructueuse. Aujourd'hui, les schistes gris, décomposés à la surface des talus de cette route, se prêtent mal à de semblables investigations, et le reste de la surface est caché par la terre végétale.

Les fossiles des deux faunes, coexistans sur l'horizon, que nous venons d'indiquer, sont les suivans:

Faune troisième, ou coloniale.	*Faune seconde.*
Cardiola interrupta . . Sow.	Dalmanites Phillipsi . . Barr.
	D. socialis . . Barr.
	Nucula Bohemica . Barr.
Graptolitus priodon? . Bronn.	Orthis . . . . Barr.
mal conservé.	Hyolithes . . . . . . Barr.
	Cytherina fugax . . . Barr.

Nous ferons remarquer, que les schistes à la limite supérieure de la colonie d'Archiac, et la lentille calcaire constituant la colonie Zippe, dans l'enceinte de Prague, sont les deux seuls gîtes, dans lesquels nous avons trouvé les fossiles de la faune troisième, mêlés avec ceux de la faune seconde. Les circonstances qui accompagnent ce mélange, dans ces deux localités, ne nous permettent pas de l'attribuer à une perturbation mécanique et nous devons concevoir, que les dépouilles des espèces, caractérisant ces deux faunes, ont été ensevelies dans les mêmes couches, parceque ces espèces étaient contemporaines et existaient dans les mêmes localités.

En continuant à nous élever au-dessus de la limite en question, dans les couches de la bande **d 5**, nous traversons uniquement des schistes gris sans consistance, qui s'étendent jusqu' à la coulée de trapps, placée à l' entrée du village de Ržépora, au point M, sur la chaussée qui conduit vers Prague. On voit que, sur cet horizon, les trapps forment une masse très prolongée, le long de cette chaussée. Bien que nous ayons indiqué une solution de continuité dans cette masse, il est vraisemblable, que c'est uniquement une apparence due aux débris qui couvrent la surface du sol en cet endroit.

Dans tous les cas, l'horizon occupé par cette longue coulée, mérite particulièrement notre attention. En effet, sur le talus de la chaussée incliné vers le Nord-Ouest, il existe diverses alternances de couches minces de trapps avec des schistes gris, plus ou moins altérés et durcis. Or, dans une partie de ces schistes, contre la chaussée, nous avons recueilli, à diverses reprises, principalement lors de la reconstruction de cette route, des fragmens assez nombreux des espèces suivantes:

Trinucleus Goldfussi	. Barr.	Homalonotus? . . . .
Dalmanites socialis	. . Barr.	Orthoceras . . . .
Calymene declinata	. Cord.	

Les trois premières de ces espèces sont bien connues comme caractérisent la bande **d 5**, dans diverses localités et notamment contre le village de Gross-Kuchel, dans les schistes noirs, superposés à la colonie Krejčí.

Ainsi, l'horizon stratigraphique, qui correspond approximativement à la ligne tracée par la chaussée dirigée vers Prague, renferme les représentans indubitables de la faune seconde, tandisque nous n'avons découvert, sur le même horizon, aucune trace quelconque de la faune coloniale, c. à d. de la faune troisième.

Par conséquent, la dernière phase de la faune seconde se trouve bien réellement interposée entre la colonie d'Archiac et la base de notre étage **E**, placée au midi du village de Řépora.

Nous avons dû nous arrêter sur l'horizon de la chaussée de Prague, pour formuler cette conclusion importante, parceque nous n'avons pas réussi, jusqu'à ce jour, à découvrir les traces certaines de la faune seconde, dans tout l'espace qui s'étend entre cette route et la limite supérieure de notre bande **d 5**. Nous attribuons à diverses circonstances cette absence apparente de tout fossile, dans les dépôts qui occupent l'espace indiqué.

D'abord, nous rappelons, que la formation culminante de la bande **d 5** se distingue, sur tout le contour de notre bassin, par une intermittence totale de nos faunes siluriennes. C'est un fait, que nous avons constaté depuis longtemps, en diverses occasions, et notamment dans nos études récemment publiées sur la *Distribution des Céphalopodes. (Syst. Sil. de Boh. Vol. II. Sér. 4. p. 109.) (p. 197 - 8°.)*

En second lieu, l'espace en question est occupé, en grande partie, par des schistes altérés, fréquemment durcis, ou bien mélangés avec la matière trappéenne, qui leur a communiqué une teinte verte très prononcée. Ces schistes sont donc réellement dans un état métamorphique, qui ne conserve plus aucune des apparences caractérisant les schistes gris-jaunâtres de notre bande **d 5**. Ces roches altérées se voient très distinctement entre les maisons du village de Ržépora, sur la rive gauche du ruisseau, où il existe aussi une coulée de trapps à découvert et figurée sur notre carte. Les mêmes roches verdâtres s'étendent aussi sous la partie opposée du village, c. à d. sur la rive droite du même ruisseau. Nous avons pu les observer, à diverses reprises, dans des fouilles faites pour la fondation de nouvelles maisons. Cependant, parmi ces couches altérées, il en existe d'autres, qui n'offrent pas les mêmes modifications, quoique également dépourvues de toute trace de fossiles. On les voit très bien dans leur prolongement, au Sud-Ouest du village, sur les talus de la chaussée, qui se dirige vers Woržech. Nous y avons vainement cherché des empreintes organiques.

Nous ferons aussi observer, que l'espace au Nord-Est du village, entre la chaussée vers Prague et le chemin vers Wohrada, est entièrement couvert par des prairies ou par des terres cultivées, qui nous cachent totalement les couches sous-jacentes. Mais, les nombreux débris de quartzites, disséminés sur les champs, suivant la direction normale, nous indiquent suffisamment l'existence de couches de cette roche, sous la surface du sol.

III. Seconde apparition coloniale de schistes à Graptolites, près du village de Ržépora.

Nous avons indiqué sur notre carte, à l'Est de Ržépora, le long du chemin qui conduit vers Vohrada, des couches isolées de schistes à Graptolites, qui sont accompagnées par une coulée de trapps et qui n'occupent ensemble que quelques mètres d'épaisseur. Ces dépôts graptolitiques sont enclavés comme les trapps, dans la masse des schistes gris et quartzites de notre bande **d 5**. Notre section figure 4, suivant la ligne ST, contribue à montrer les relations stratigraphiques, normales et régulières, qui existent entre ces diverses roches.

Nous constatons aussi que, vers son extrémité du côté de Ržépora, cette enclave se termine d'une manière très visible, tandisque les couches ambiantes de **d 5** se prolongent régulièrement vers le village, avant de disparaître sous le sol des jardins. Près de cette extrémité, nous avons extrait des schistes à Graptolites quelques sphéroides de calcaire noir, qui renfermaient des fragmens d'Orthocères indéterminables. Ce sont, avec les, empreintes des Graptolites, les seuls fossiles que nous connaissons sur cet horizon. Ces Graptolites sont *Grapt. priodon* et *Retiol. Geinitzianus*, abstraction faite de diverses empreintes moins distinctes.

Mais, en considérant, que cette petite enclave est séparée de l'étage **E** par une épaisseur considérable, composée en partie de schistes gris et de quartzites de **d 5**, et en partie d'une puissante coulée de trapps, nous ne pouvons pas hésiter à la considérer, comme constituant une seconde apparition coloniale, occupant une position intermédiaire, entre la colonie d'Archiac et la bande **e 1**.

Nous sommes confirmé dans cette conviction par l'existence d'une masse graptolitique, beaucoup plus épaisse, à peu près sur le même niveau, à peu de distance vers l'Est, dans le village de Vohrada. Malheureusement, nous ne pouvons pas découvrir la preuve de la continuité présumée entre ces deux dépôts, parceque dans l'intervalle d'environ 1,000 mètres, qui les sépare, la surface est couverte par la terre végétale. Mais, en comparant, sur les deux points, l'éloignement de la bande **e 1**, nous sommes porté à considérer ces schistes à Graptolites, comme occupant vraisemblablement un même horizon, ou des horizons très rapprochés.

Au dessus de cette seconde enclave, les couches de **d 5** très bien exposées le long du chemin de Vohrada, tracé sur l'arête culminante du terrain, sont en grande partie altérées et durcies. Sans doute, la grande coulée de trapps, qui recouvre ces couches, a produit cette altération.

Cette coulée, dont l'épaisseur moyenne est d'environ 100 mètres, est visible sur une longueur de plus de 1200 mètres, parceque la plus grande partie de sa surface est inculte. Elle figure une courbe alongée et elle constitue à peu-près la moitié de la masse de la colline, qui s'étend entre Ržépora et Vohrada, et qui porte le nom de *Na vrchu,* dans la langue Bohême.

Dans le voisinage de Ržépora, nous avons ajouté à ce nom celui de *promontoire,* qui caractérise bien l'apparence de cette hauteur, dominant le village. En effet, elle se termine brusquement par un talus abrupte, presque vertical, qui s'élève à 25 ou 30 mètres, au dessus du fond du vallon.

Au pied de cet escarpement, le ruisseau, après avoir traversé le village, s'infléchit brusquement et décrit une courbe d'un faible rayon, qui indique très bien le contour de ce promontoire.

Nous devons signaler, au sommet de cette colline, l'apparence columnaire que présentent les trapps de cette coulée; apparence qu'on distingue très bien, lorsqu'on est placé au Nord, sur la colonie d'Archiac. Nous observons rarement cette structure pseudo-basaltique, dans les trapps de notre terrain.

Il est vraisemblable, que les dénudations atmosphériques ont principalement contribué à faire disparaître la partie de cette coulée, sur laquelle est creusé le vallon, car nous trouvons les trapps en place dans leur prolongement visible, sur le côteau beaucoup moins élevé, qui forme la rive droite. Dans cette partie, la roche est très friable et son épaisseur diminue rapidement dans la direction du Sud-Ouest, où la coulée disparaît sous les champs.

En continuant notre marche ascendante dans la série verticale, au dessus de cette grande coulée, nous voyons que sa surface supérieure est occupée par les formations de la bande **d 5**, plus ou moins altérées. Il existe plusieurs alternances très distinctes des trapps avec ces couches durcies, dont la couleur claire contraste fortement avec la nuance verdâtre et foncée de la roche plutonique. On voit même des parties de quartzites complètement immergées dans les trapps. Nous avons indiqué ce fait sur notre section fig. 1, mais l'exiguité de l'échelle ne nous a pas permis de figurer toutes les alternances, qui sont très rapprochées.

Nous n'avons trouvé, sur cet horizon culminant de **d 5**, que des traces de Fucoides, qui deviennent visibles et saillans sur la surface des couches, longtemps soumises aux influences atmosphériques. Ces couches sont très bien exposées sur le revers du promontoire, qui est incliné vers le Sud. On voit aussi que, dans le voisinage de Ržépora, elles s'étendent jusqu'aux bords du ruisseau, qui paraît couler à peu-près sur la limite entre les bandes **d 5—e 1** c. à d. entre nos deux divisions.

Chap. 5. **Parallèle entre la colonie d'Archiac et la bande e 1, située au midi du village de Ržépora.**

Nous ferons d'abord observer, qu'au-dessous de la colonie, il existe trois masses parallèles de gros bancs de quartzites, dont la plus élevée se trouve en contact avec la base de cette enclave. On ne distingue aucune masse quartzeuse comparable, dans la série des couches de bande **d 5**, sur lesquelles repose la bande **e 1**, au droit de Ržépora.

Ce fait contribue à montrer, que la colonie ne peut pas être considérée comme résultant de la répétition des mêmes formations, par suite de plissemens, ou autres perturbations du terrain. Comparons maintenant la colonie avec la bande **e 1**.

I. Sous les rapports pétrographiques.

La colonie et la bande **e 1** sont également composées d'une masse schisteuse, renfermant des sphéroides calcaires et associée à des coulées de Trapps. Ces élémens principaux, considérés d'une manière générale, sont donc semblables. Mais, si on les examine attentivement dans leur nature et dans les détails de leurs apparences, il est aisé de se convaincre, qu'il n'existe aucune identité dans les roches de ces deux formations.

1. Les schistes à Graptolites noirs, présentant les apparences typiques de cette roche, sont beaucoup plus développés dans la colonie qu'à la base de la bande **e 1**. En outre, nous avons constaté que, dans la colonie, ces schistes n'ont subi aucune altération métamorphique et n'ont pas même été durcis au contact des trapps. Au contraire, les schistes comparés, vers la base de la bande **e 1**, ont été fortement durcis. La plupart des couches ont pris une apparence rubannée et siliceuse, de sorte qu'il est difficile de les séparer en couches minces, pour obtenir les empreintes des Graptolites.

2. Dans la colonie, tous les sphéroides sont invariablement composés de calcaire noir, ou Anthracolite et ils renferment une forte proportion de pyrite de fer, libre.

Au contraire, dans les schistes à Graptolites, à la base de la bande **e 1**, il est très difficile de trouver un seul sphéroide d'anthracolite, tandisqu'on y voit des sphéroides et même des couches, composées d'une calcaire bleu-clair, contenant de fréquents Graptolites. Mais, il faut observer, que ces calcaires, exposés aux actions atmosphériques, prennent extérieurement la couleur des feuilles mortes, qui pénétre plus ou moins profondément dans l'intérieur. Nous n'avons observé aucune trace de pyrite dans cette roche. Nous ferons aussi remarquer, que la surface des champs, vers l'extrémité Nord-Est de la colonie, est parsemée de debris de sphéroides calcaires noirs, portant la trace des espèces coloniales. Au contraire, les champs situés au midi de Ržépora, sur la bande **e 1**, ne présentent aucune trace de ce calcaire anthracolitique.

3. A mesure qu'on s'élève dans la hauteur de la bande **e 1**, les sphéroides de calcaire bleu se multiplient de plus en plus et finissent par former des couches continues, séparées par des lits de schistes gris, sans consistance. Au contraire, dans toute la hauteur occupée par la colonie, les sphéroides sont également clair-semés et il n'y aucune trace de couches continues de calcaire.

4. Si l'on jette un coup d'oeil sur notre carte, on reconnaîtra aisément, que la disposition et l'étendue des coulées de trapps, qui existent, d'un côté dans la colonie et l'autre côté dans la bande **e 1**, ne présentent aucune ressemblance. Cette différence devient encore plus frappante, si l'on compare ces coulées sous les rapports de leurs apparences physiques. Ainsi, la coulée qui est située vers le milieu de notre bande **e 1**, se fait remarquer par sa décomposition très prononcée, en sphéroides, qui s'exfolient par couches minces, concentriques. Cette roche renferme aussi un grand nombre de nodules calcaires, empâtés dans sa masse. Nous n'observons rien de semblable dans les trapps de la colonie.

Ainsi, malgré l'analogie évidente entre la colonie et la bande **e 1** au droit de Ržépora, tous les élémens qui constituent ces deux formations, offrent des apparences diverses qui ne permettent pas de les considérer comme deux parties, d'un même tout, séparées par des dislocations du sol.

II. Observation relative à la couleur des schistes à Graptolites de la bande **e 1**.

Nous profitons de cette occasion pour faire remarquer que, à l'exception des schistes noirs peu développés, dont nous venons signaler l'existence à la base extrême de **e 1**, tous les autres schistes de cette bande, renfermant des sphéroides de calcaire bleu, sont d'une couleur grise, très peu foncée. Ces schistes diffèrent donc notablement par leur nuance, du type des schistes graptolitiques. Nous ajouterons même que, sur quelques points de la bande **e 1**, au midi de Ržépora, les couches schisteuses, altérées et durcies, dans le voisinage des trapps, prennent une couleur encore plus claire, de sorte qu'en observant les fragmens isolés de cette roche, on serait peu disposé à reconnaître son affinité avec les schistes à Graptolites, dont elle occupe la place habituelle.

Mais, ces apparences ne doivent pas nous surprendre, parcequ'elles ne sont pas exclusivement propres aux environs de Ržépora.

En effet, nous trouvons dans la bande **e 1**, sur diverses parties de sa surface exposée, l'affaiblissement régulier et normal de la nuance de ces schistes, qui se montrent ailleurs avec une couleur noire, ou du moins très foncée.

1. Nous pouvons citer d'abord, dans l'intérieur du bassin, non loin de Prague, le sommet du vallon de Slivenetz. Sous le cimetière de ce village, on trouve, dans les ravins, une masse de ces schistes décolorés et presque blancs, qui conservent cependant l'empreinte très distincte des Graptolites de la bande **e 1**, et qui renferment aussi des sphéroides d'anthracolite avec les fossiles caractéristiques de cet horizon. Ces sphéroides n'offrent d'ailleurs aucune trace quelconque d'altération et ils nous ont fourni quelques uns des plus beaux Céphalopodes, figurés sur nos planches, avec tous les ornemens de leur test. Ainsi, dans cette localité, les schistes seuls ont perdu leur couleur noire, tandisque les sphéroides l'ont conservée.

2. Sur le contour Nord-Ouest du bassin, les schistes de la bande **e 1** montrent l'apparence décolorée de la manière la plus prononcée, au droit de Zbužan, qui est seulement à la distance de **2** kilomètres à l'Ouest de Ržépora. En effet, au sortir du village, sur la chaussée qui conduit à Chotecz, vers le Sud-Ouest, on voit dans la bande **e 1**, une masse de schistes presque complètement blancs et conservant cependant les empreintes distinctes des Graptolites. Sur cette masse, on retrouve, en suivant la même chaussée, une autre masse de schistes graptolitiques, presque noirs. Nous n'avons rencontré aucun sphéroide calcaire, dans cette localité.

3. Si l'on se transporte jusqu'à Tachlovitz à 5 kilomètres de Ržépora, sur le même contour Nord-Ouest du bassin calcaire, on retrouve la masse de la bande **e 1** exactement composée comme au droit de ce dernier village, c. à. d. que les schistes à Graptolites ont une couleur grise, très peu foncée, tandisque les sphéroides qu'ils renferment offrent, dans leur intérieur, une teinte bleu-clair. Cette nuance, modifiée par les actions atmosphériques, se transforme semblablement en couleur de feuilles mortes. Ainsi, toutes les apparences de ces roches sont identiques avec celles que nous observons au midi de Ržépora.

4. Au droit de Vorder-Třzeban, à l'aval de Karlstein, on observe, sur le talus du chemin de fer, une masse de schistes à Graptolites rouges, avec des empreintes très distinctes de ces fossiles. Il n'y a point de sphéroides dans ce dépôt, qui appartient à l'une de nos colonies, sur le contour opposé du bassin.

Ces exemples, choisis parmi beaucoup d'autres, que nous exposerons ailleurs, suffisent pour nous montrer, que les deux élémens principaux de la bande **e 1**, c. à. d. les schistes et les sphéroides calcaires, offrent de notables et nombreuses variations locales, dans l'étendue visible de nos formations. Ainsi, les apparences signalées, au droit de Ržépora, ne présentent aucune anomalie particulière à cette localité.

III. Sous les rapports paléontologiques.

Nous avons réuni, sur le tableau qui suit, les noms de toutes les espèces, que nous avons pu recueillir de nos propres mains, dans la bande **e 1**, au midi de Ržépora, sur un espace longitudinal beaucoup plus étendu que celui qui est occupé par la colonie d'Archiac.

Fossiles de la bande e1, au droit de Ržépora.

Nr.	Genres et Espèces	Faunes siluriennes															
		I	II					III									
		C	D					E		F		G			H		
			d1	d2	d3	d4	d5	e1	e2	f1	f2	g1	g2	g3	h1	h2	h3
	Trilobites.																
1	Arethusina Konincki Barr.		.	.	.		Col.	+	+	.	.	.	.	.	.	.	.
2	Cyphaspis Burmeisteri Barr.	.	.	.	.	.	Col.	+	+	.	.	.	.	.	.	.	.
3	Cromus Beaumonti Barr.	.	.	.	.	.	.	+	+	.	.	.	.	.	.	.	.
4	Phacops Glockeri . Barr.	.	.	.	.	Col.	Col.	+	+	.	.	.	.	.	.	.	.
5	Lichas scabra . . . Beyr.	.	.	.	.	.	Col.	+	+	.	.	.	.	.	.	.	.
6	Illaenus Bouchardi Barr.	.	.	.	.	.	.	+	+	.	.	.	.	.	.	.	.
7	Acidaspis Leonhardi Barr.	.	.	.	.	.	.	+	+	+	.	.	.	.	.	.	.
8	Spaerexochus mirus Beyr.	.	.	.	.	Col	.	+	+	.	.	.	.	.	.	.	.
	Céphalopodes.																
1	Orthoceras amoenum Barr.	.	.	.	.	.	.	+	+	.	.	.	.	.	.	.	.
2	O. annulatum Sow.	.	.	.	.	.	.	+	+	.	.	.	.	?	.	.	.
3	O. aphragma? Barr.	.	.	.	.	.	.	+	+	.	.	.	.	.	.	.	.
4	O. hastile . Barr.	.	.	.	.	.	Col.	+	.	.	.	.	.	.	.	.	.
5	O. robustum Barr.	.	.	.	.	.	.	+	+	.	.	.	.	.	.	.	.
6	O. styloideum Barr.	.	.	.	.	.	Col.	+	+	+	.	.	.	.	.	.	.
7	O. truncatum Barr.	.	.	.	.	.	Col.	+	+	.	.	.	.	.	.	.	.
8	O. valens . . Barr.	.	.	.	.	.	Col.	+	+	+	.	.	.	.	.	.	.
	Brachiopodes.																
1	Leptaena euglypha Dalm.	.	.	.	.	Col.	.	+	+	.	.	.	.	.	.	.	.
2	L. sericea . Sow.	.	.	.	.	.	.	+	+	.	.	.	.	.	.	.	.
3	L. imbrex? . . .	.	.	.	.	.	.	+	+	.	.	.	.	.	.	.	.
4	Rhynchonella cuneata Dalm.	.	.	.	.	.	.	+	.	.	.	.	.	.	.	.	.
5	Orthis	.	.	.	.	.	.	.	.	.	.	.	.	.	.	.	.
6	Atrypa reticularis . Linn.	.	.	.	.	.	.	+	+	.	+	.	.	.	.	.	.
7	A. Hebe . . . Barr.	.	.	.	.	.	.	+	+	.	.	.	.	.	.	.	.
8	A. obovata . . Sow.	.	.	.	.	.	Col.	+	+	.	.	.	.	.	.	.	.
9	Spirifer trapezoidalis Dalm.	.	.	.	.	.	.	+	+	.	.	.	.	.	.	.	.
10	Sp. viator . . . Barr.	.	.	.	.	.	.	+	+	.	.	.	.	.	.	.	.
	Graptolites.																
1	Graptolithus Becki . Barr.	.	.	.	.	.	Col.	+	.	.	.	.	.	.	.	.	.
2	Grapt. colonus . Barr.	.	.		.	.	Col.	+	+	.	.	.	.	.	.	.	.
3	Grapt. nodulosus Barr.	.	.	.	.	.	Col.	.	.	.	.	.	.	.	.	.	.
4	Grapt. priodon Bronn.	.	.	.	.	.	Col.	+	+	.	.	.	.	.	.	.	.
5	Grapt. quadrans Barr.	.	.	.	.	.	Col.	+	.	.	.	.	.	.	.	.	.
6	Grapt. tenuissimus Barr.	.	.	.	.	.	Col.	+	.	.	.	.	.	.	.	.	.
7	Retiolites Geinitzianus Barr.	.	.	.	.	.	Col.	+	.	.	.	.	.	.	.	.	.

Nous ferons d'abord remarquer, que la bande **e 1** n'est pas accessible partout, à cause de la terre végétale qui la recouvre, de sorte que les recherches sont nécessairement bornées aux parties découvertes, soit sur les espaces non cultivés, soit dans les ravins, soit sur les talus des chemins. Ces circonstances font concevoir, pourquoi le nombre des espèces énumérées, dans le tableau qui précède, est relativement peu considérable. Cependant, les parties accessibles de la bande **e 1** sont notablement plus étendues que celles de l'enclave coloniale.

Si nous comparons ces listes de fossiles avec celles de la colonie d'Archiac qui précèdent (p. 24) nous sommes conduit aux observations suivantes:

1. Les Crustacés n'offrent aucune espèce commune. Nous avons déjà fait remarquer, que les Trilobites ne sont représentés dans la colonie que par une seule espèce: *Dalmanites orba*, tandisque nous connaissons, sur la partie correspondante de la bande **e 1**, 8 espèces de Trilobites, appartenant à 8 genres distincts.

La prédominance relative des Trilobites dans la bande **e 1** et la différence complète des espèces établissent un contraste frappant entre cette formation et la colonie comparée.

2. Parmi les Céphalopodes, le seul genre *Orthoceras* est connu sur les deux horizons. Mais, malgré la richesse habituelle de la bande **e 1**, en formes de ce genre, on voit que la colonie prédomine de beaucoup, puisqu'elle en a fourni 13, tandisque nous n'en connaissons que 8 dans la bande correspondante **e 1**.

Dans l'ensemble de ces 21 espèces, 3 seulement sont identiques, savoir: *Orth. styloideum*, *O. truncatum* et *O. valens*, qui sont très fréquens sur l'étendue de notre étage **E**.

Nous avons constaté ci-dessus (p. 27) que, parmi les Orthocères de la colonie, 3 lui appartiennent exclusivement, tandisque les autres se retrouvent dans les bandes **e 1—e 2**.

3. Les Ptéropodes ne sont pas connus jusqu'ici dans la bande **e 1**, au droit de Ržépora et ils ne sont représentés que par une seule espèce dans la colonie.

4

4. Les Gastéropodes offrent un contraste beaucoup plus frappant, car nous connaissons 9 formes de cet ordre dans la colonie d'Archiac, tandisque jusqu'ici nous n'en avons pas observé une seule, dans les formations de **e 1**, près de Ržépora.

5. Les Brachiopodes sont relativement nombreux dans la bande **e 1**, au droit de Ržépora, où nous avons recueilli 10 espèces représentant 5 genres. Nous ne connaissons, au contraire, dans la colonie d'Archiac, que 6 espèces, appartenant à 4 types. Dans la somme totale des 16 espèces connues dans les formations comparées, nous n'en voyons qu'une seule identique, savoir: *Atrypa obovata,* qui est une des formes les plus communes dans notre étage **E**.

6. Acéphalés. Cet ordre est représenté par 6 espèces dans la colonie d'Archiac, tandisque nous n'en avons pas découvert une seule dans la bande correspondante **e 1**. Nous devons surtout être surpris de l'absence apparente de *Cardiola interrupta* et de *Card. fibrosa*, qui existent presque partout, sur cet horizon. Mais, à quelque distance de Ržépora, vers l'Est, au droit de Vohrada, la première de ces deux espèces se trouve assez fréquemment, tandisqu'il faut aller jusqu'à Butovitz, c. à d. deux fois plus loin, pour retrouver la seconde.

7. Parmi les Graptolites, il est difficile de déterminer exactement diverses empreintes, qui sont très mal conservées, soit dans la colonie d'Archiac, soit dans la bande **e 1**. Les formes que nous avons pu sûrement reconnaître dans ces deux formations, sont au nombre de 19 dans la première et de 7 dans la seconde. Dans la somme totale de ces 26 formes, nous n'en connaissons que 6 qui sont identiques. Il y en a 7 qui sont exclusivement propres à la colonie, tandisque les autres reparaissent, soit dans d'autres colonies, soit dans notre étage **E**.

On doit remarquer, que la colonie d'Archiac possède beaucoup plus de formes de cette famille que la bande **e 1**, au droit de Ržépora.

En résumant les comparaisons qui précèdent, nous voyons, que la colonie d'Archiac ayant fourni jusqu'à ce jour 57 espèces, paraît plus riche que la partie correspondante de la bande **e 1**, dans laquelle nous n'en avons encore découvert que 33. Ce résultat mérite d'être remarqué, parcequ'en général, la faune coloniale est beaucoup moins riche que celle de la bande comparée.

Un second fait important, qui dérive de notre parallèle, consiste en ce que, dans la somme totale des 90 espèces actuellement connues, dans l'ensemble des formations comparées, 10 seulement peuvent être regardées comme identiques, savoir: 3 Céphalopodes, 1 Brachiopode et 6 Graptolites. Cette proportion minime établit un contraste remarquable entre la colonie et la bande **e 1**, considérée au droit de Ržépora.

Cette conclusion confirme complètement celle que nous venons de déduire de la comparaison des élémens pétrographiques des mêmes formations. Ainsi, malgré les analogies évidentes, qui existent entre la colonie d'Archiac et la partie correspondante de la bande **e 1**, l'examen attentif des élémens qui caractérisent ces divers dépôts indique suffisamment, qu'ils appartiennent à des horizons différens et qu'on ne saurait les considérer comme deux parties d'une même formation, séparées par des dislocations du sol.

Chap. 6. **Parallèle entre la colonie d'Archiac et les colonies voisines.**

Il est intéressant de comparer la colonie d'Archiac avec les colonies les plus rapprochées sur le contour Nord-Ouest du bassin et avec celles qui lui sont presque directement opposées, sur le contour Sud-Est.

I. Colonies sur le contour Nord-Ouest.

Les colonies qui avoisinent la colonie d'Archiac sur ce contour, sont: d'un côté, la colonie Cotta et l'enclave des schistes à Graptolites dans le village de Vohrada; de l'autre côté, la colonie de Tachlovitz.

I. Colonie Cotta, vers l'Est.

La colonie Cotta est située vers l'Est, à 2.300 mètres de Ržépora. Sa position topographique est très aisée à reconnaître, parcequ'elle forme un mamelon isolé, qui s'élève sur le fond du vallon placé entre Ginonitz et Neuhof. Ce mamelon, qui est seulement à 100 mètres, à gauche de la chaussée, qui conduit à Ržépora, ne peut échapper à la vue d'aucun géologue, allant visiter la colonie d'Archiac.

On doit considérer ce monticule comme ayant résisté aux dénudations, auxquelles le petit vallon qu'il domine, doit son origine. Il ne représente donc qu'un lambeau saillant de l'enclave coloniale, dont toutes les autres parties sont cachées sous les prairies ou sous les champs. Nous ne décrirons pas, en détail la composition stratigraphique et pétrographique de cette colonie, nous réservant de la présenter en son temps, avec les sections destinées à exposer sa structure.

Pour le but que nous nous proposons en ce moment, il nous suffit de constater, que cette colonie diffère notablement de la colonie d'Archiac.

1. En effet, bien que ces deux enclaves présentent semblablement diverses coulées de trapps, alternant avec des schistes à Graptolites, la colonie Cotta est particulièrement caractérisée par l'existence d'une formation de schistes gris et de quartzites, qui occupent à peu près le milieu de sa hauteur verticale, tandisque nous voyons des schistes à Graptolites et des trapps aussi bien au dessous qu'au dessus de cet horizon. Au contraire, la colonie d'Archiac, dont on peut observer la section transverse complète, au droit des nouvelles maisons du village, est exempte de toute intercalation de roches quartzeuses.

2. Une seconde différence consiste en ce que, l'une des masses de schistes à Graptolites, occupant le niveau supérieur dans la colonie Cotta, se montre durcie et siliceuse, de sorte que, dans un temps, elle a été exploitée pour l'entretien de la chaussée voisine. Cette altération métamorphique peut être attribuée au contact d'une coulée considérable de trapps, placée à l'extrémité Nord-Est de cette colonie. Par contraste, nous avons fait observer dans la colonie d'Archiac, que, malgré la présence de plusieurs coulées de trapps, les schistes à Graptolites se sont maintenus sans altération et présentent même une très faible consistance.

3. La colonie Cotta paraît renfermer très peu de sphéroides calcaires. Nous n'en avons découvert qu'un couple sur sa surface. Ils sont composés de calcaire noir, comme ceux de la colonie d'Archiac et l'un d'eux contenait quelques fragmens d'un Orthocère, spécifiquement indéterminable, parcequ'il ne présente que quelques stries horizontales.

Outre cette trace de Céphalopodes, nous avons recueilli dans les schistes de cette colonie quelques empreintes de Graptolites, qui sont généralement très mal conservées. Mais, on peut reconnaître parmi elles *Grapt. colonus*, qui se rencontre presque partout, dans les enclaves coloniales.

Ainsi, la faune de la colonie Cotta est relativement très pauvre, si on la compare à celle de la colonie d'Archiac. Cette différence, s'ajoutant à celles que nous venons de signaler, sous les rapports pétrographiques, ne nous permet pas de considérer ces deux enclaves comme offrant une composition identique.

4. Il nous reste à les comparer sous le rapport de leur horizon, c. à d. de la profondeur à laquelle elles sont placées, au dessous de la base de notre bande **e 1**. Malheureusement, la surface du terrain étant couverte par une couche épaisse de terre végétale entre ces deux colonies, il nous est impossible de suivre les couches à partir de l'une, jusqu'à l'autre. Nous n'avons d'ailleurs aucun horizon stratigraphique indubitable, qui se prolonge dans cette direction. Le seul que nous puissions comparer, consiste dans quelques bancs épais de quartzites, qui semblent exister sur une même zone dans cette région. Mais, notre carte montre, qu'à Ržépora, des bancs semblables se reproduisent sur divers horizons superposés: X—Y—Z.

Cependant, si on voulait considérer l'ensemble de ces bancs comme une zone d'une certaine épaisseur, il s'en suivrait, que la colonie d'Archiac, qui repose sur les bancs supérieurs X, à Ržépora, occuperait un horizon un peu plus profond que la colonie Cotta, qui est placée à environ 300 mètres au dessus des quartzites correspondans. On conçoit, que nous ne pouvons pas considérer ces relations comme absolument exactes, mais seulement comme approximatives.

En somme, il est vraisemblable, que la différence de niveau entre les deux colonies comparées n'est pas très considérable et que la colonie d'Archiac est placée sur l'horizon relativement le plus éloigné de la bande **e 1**.

2. Schistes à Graptolites dans le village de Vohrada, vers l'Est.

Ce village est le plus voisin de Ržépora, vers l'Est, et la distance qui les sépare, est d'environ 1,300 mètres.

Entre les maisons de Vohrada, il existe à découvert une masse de schistes à Graptolites, offrant l'apparence typique, presque noire. La direction et l'inclinaison de ces schistes sont conformes à celles de toutes les autres formations. Leur position topographique semble indiquer, qu'ils sont intercalés dans la partie supérieure de **d 5**. Malheureusement, la terre végétale ne nous permet pas d'observer directement la présence des roches de cette bande. Cependant, en suivant la direction des schistes et quartzites à partir de Ržépora, ces roches semblent supérieures aux schistes à Graptolites de Vohrada. En outre, entre ces schistes et la base visible de la bande **e 1** au Sud de ce village, il y a encore une distance horizontale d'environ 200 à 300 mètres.

Enfin, il semble vraisemblable, que la masse graptolitique de Vohrada occupe un niveau correspondant à celui de l'enclave supérieure de la même roche, près de Ržépora, décrite ci-dessus (p. 40).

D'après ces diverses considérations, nous sommes disposé à croire, que cette masse de schistes à Graptolites constitue une enclave coloniale, qui serait placée à peu près au milieu de la hauteur entre l'horizon de la colonie d'Archiac et la base de la bande **e 1**.

Nous ne voyons, dans les schistes de Vohrada, aucun sphéroide calcaire, et il n'existe aucune coulée de trapps, dans leur voisinage immédiat. Les seuls fossiles sont des empreintes des formes habituelles des Graptolites. *Grapt. priodon etc.*

3. Colonie de Tachlovitz, vers l'Ouest.

Tachlovitz est situé à la distance d'environ 5,000 mètres à l'Ouest de Ržépora. Nous avons décrit dans notre *Déf. III. p. 67.* la colonie située entre les deux parties de ce village. Elle se compose d'une masse de schistes gris-noirs, à Graptolites, offrant de fréquentes alternances avec des couches également schisteuses, mais très distinctes par leurs couleurs tranchées, grises, jaunes, blanches, rougeâtres, ferrugineuses, etc. Ces apparences sont précisément celles que nous avons signalées ci-dessus (p. 18) dans la partie inférieure de la colonie de Ržépora.

Cette masse présente une largeur d'environ 200 mètres, à la surface de la chaussée, qui traverse Tachlovitz.

Mais, tandisque les sphéroides calcaires sont fréquens dans les schistes semblables de la colonie d'Archiac, nous n'en avons observé aucun dans la colonie Tachlovitz. Cette différence peut provenir uniquement de ce que cette enclave n'est visible que sur un espace très restreint, dans la largeur de la chaussée mentionnée.

Plusieurs couches minces de trapps paraissent régulièrement intercalées entre les schistes graptolitiques, tandisqu'une forte coulée trappéenne recouvre leur surface supérieure.

Les fossiles recueillis dans la colonie de Tachlovitz se réduisent à quelques Orthocères indéterminables et à trois espèces de Graptolites, savoir:

Diplograpsus palmeus Barr.
Grapt. . . . colonus Barr. forme large.
Grapt. . . . testis Barr.

Les deux premières de ces espèces existent aussi dans la colonie d'Archiac. Cette circonstance s'ajoute à celle de la ressemblance qui vient être signalée entre les schistes de ces deux colonies.

Enfin, nous ferons remarquer, que la colonie de Tachlovitz est placée verticalement à peu de distance au-dessus des bancs épais de quartzites, sur lesquels est bâtie la partie Nord de Tachlovitz. Cette distance, qui est d'environ 100 mètres, semblerait indiquer que cette enclave occupe un horizon un peu plus élevé que la colonie d'Archiac. Mais, nous ne pouvons pas ajouter une grande importance à cette circonstance, à cause de la distance de 5 kilomètres, qui sépare ces deux localités et de l'irrégularité des dépôts sédimentaires, dans leur épaisseur.

Il est donc très vraisemblable, que les deux colonies comparées occupent un niveau peu différent, dans la série verticale de notre bande **d 5**. Cette conclusion est identique avec celle que nous avons formulée, après avoir comparé la colonie d'Archiac avec la colonie Cotta.

Ainsi, abstraction faite de quelques différences, dont nous ne pouvons pas bien apprécier l'importance, ces trois enclaves occupent semblablement un horizon peu élevé au-dessus de la zone distinguée par quelques bancs épais de quartzites.

Mais, cet horizon n'est pas le seul sur lequel nous avons reconnu des colonies. En effet, nous signalons à cette occasion, l'existence d'une autre enclave, d'apparence coloniale, sur un horizon inférieur à celui de ces bancs quartzeux, vers l'extrémité du mont Kossov, près de Königshof, c. à d. sur le prolongement du même contour Nord-Ouest du bassin calcaire.

D'après ce fait, il est évident, que les colonies placées sur ce contour correspondent au moins à deux horizons très distincts dans la bande **d 5**.

Si, de plus, on considère que la colonie Zippe, située sur le même contour, est enclavée dans la hauteur de la bande **d 4**, on devra reconnaître, que le phénomène colonial s'est répété au moins à trois reprises successives, sur la partie Nord-Ouest de notre bassin.

Enfin, si nous tenons compte de la seconde apparition des schistes à Graptolites, signalée entre la colonie d'Archiac et la bande **e 1** près de Ržépora, et ensuite dans le village de Vohrada, nous devrons compter au moins 4 répétitions de ce phénomène. Cette conclusion se trouve en harmonie avec nos observations relatives à la partie opposée, ou Sud-Est de la zone coloniale.

II. Colonies sur le contour Sud-Est du bassin.

Les colonies, qui sont à peu près vis à vis la colonie d'Archiac, sur le contour opposé, ou Sud-Est de notre bassin calcaire, sont: la colonie de Lahovska et les colonies Haidinger et Krejčí, près de Grosskuchel. La distance moyenne, à travers le bassin, entre ces 3 colonies et la colonie d'Archiac, est d'environ 6000 mètres, mesurés sur une ligne normale à l'axe longitudinal.

1. Colonie de Lahovska, près Radotin.

Cette enclave est située près du hameau de ce nom, à la distance d'environ 90 mètres vers le Sud. Elle est très visible, entre les couches de la bande **d 5**, au point où elle est traversée par le chemin qui conduit à Radotin. Nous avons signalé son existence dans notre *Déf. III. p. 95—1865.* Nous avons reconnu dans cette colonie l'alternance de deux masses de schistes à Graptolites avec deux coulées de trapps, offrant ensemble une largeur d'environ 110 mètres sur le point que nous venons d'indiquer. Mais, l'épaisseur des trapps prédomine de beaucoup sur celle des schistes. Au contraire, si l'on suit vers l'Ouest la prolongation de cette enclave, on perd bientôt la trace des deux coulées. Par contraste, dans cette direction, la surface des champs est couverte de débris de schistes à Graptolites, qui résistent aux actions atmosphériques, parcequ'ils sont durcis, silicifiés et rubannés. Cette circonstance tendrait à nous faire croire, que les coulées de trapps, auxquelles cette altération pourrait être attribuée, se prolongent aussi dans la même direction, mais sont cachées sous le sol, parceque leur affleurement a été décomposé.

Nous devons cependant faire remarquer que, sur d'autres champs voisins, on trouve aussi des fragmens de schistes noirs à Graptolites, sans aucune apparence d'altération.

La surface occupée par ces débris de diverse apparence étant bien plus large que celle de la colonie au droit de Lahovska, nous devons en conclure, que cette enclave lenticulaire présente seulement son extrémité Nord-Est, près de ce hameau. L'extrémité Sud-Est est cachée sous le sol.

Nous n'avons rencontré jusqu'ici aucun sphéroide calcaire, sur la surface de cette colonie.

Les seuls fossiles que nous avons recueillis, dans les schistes, sont des empreintes de *Grapt. colonus* et de quelques autres formes peu distinctes, qui semblent appartenir aux espèces les plus communes dans les colonies.

L'horizon occupé par la colonie de Lahovska, dans la hauteur de la bande **d 5**, est vraisemblablement intermédiaire entre ceux des colonies Haidinger et Krejčí, situées vers l'Est, sur le même contour. Mais, il est impossible de suivre les couches, ou les formations, pour déterminer exactement les relations stratigraphiques entre ces trois enclaves.

Nous devons faire remarquer, que la colonie de Lahovska est placée vis-à-vis la colonie d'Archiac, sur une ligne à peu près perpendiculaire à l'axe longitudinal de notre bassin. En outre, ces deux enclaves sont semblablement composées de schistes à Graptolites et de trapps, sans aucune intercalation de quartzites. Sous ce rapport, elles offrent donc une grande analogie. Mais, la colonie de Lahovska est différenciée par ses schistes altérés, par l'absence de sphéroides calcaires et par l'exiguité de sa faune.

2. Colonie Haidinger.

Nous avons décrit cette colonie dans l'une de nos premières publications sur ce sujet. *(Bull. de la Soc. Géol. de France. Sér. 2. Vol. XVII. p. 618—1860.)* Elle est située dans le voisinage de Gross-Kuchel, près la bergerie de Königssaal. Son intercalation entre les formations de la bande **d 5** est très apparente, parceque son affleurement est placé sur la surface abrupte d'un côteau dénué de toute végétation.

Nous nous bornons à rappeler sa composition pétrographique et stratigraphique, exposée p. 620, dans le volume cité.

4.	Schistes à Graptolites, noirs	2ᵐ 50
3.	Schistes gris jaunâtres et quartzites alternant par lits minces	1ᵐ 50
2.	Quartzites en lits plus épais	0ᵐ 50
1.	Trapps pseudo-stratifiés, *à la base*	8ᵐ 00
	Total . . .	12ᵐ 50

Le fait le plus remarquable, constaté par cette section, consiste en ce que les schistes et quartzites de la bande **d 5** reparaissent entre les trapps et les schistes à Graptolites de la colonie. Cette intercalation parfaitement régulière et visible sur une longueur de 500 à 600 mètres, montre une alternance et une connexion naturelle entre le dépôt colonial et celui des formations ambiantes. C'est une preuve évidente de la contemporanéité de cet ensemble.

Nous avons signalé une intercalation semblable dans la hauteur de la colonie Cotta, située sur le bord opposé et presque, vis-à-vis la colonie Haidinger, sur une ligne normale à l'axe du bassin. Nous aurons plus tard l'occasion de faire connaître d'autres colonies, dans l'intérieur desquelles on observe un semblable retour temporaire, mais plus prolongé, des roches sédimentaires de **d 5**.

Cette intercalation des schistes gris et quartzites, dans la colonie Haidinger, établit une première différence notable entre elle et la colonie d'Archiac, qui en est exempte.

Une seconde différence, qui distingue la colonie Haidinger, dérive de ce fait, qu'elle ne renferme aucun sphéroide calcaire, tandisqu'ils sont assez fréquens dans la colonie d'Archiac.

Cette circonstance exerce une influence naturelle sur la faune de la colonie Haidinger, qui est réduite à 8 espèces de Graptolites, savoir:

1. Diplograpsus palmeus, Barr.	5. Graptolithus spiralis, Geinitz.
2. Rastrites peregrinus, Barr.	6. „ colonus, Barr.
3. Graptolithus Becki, Barr.	7. „ Bohemicus, Barr.
4. „ Nilssoni, Barr.	8. „ Proteus, Barr.

Parmi ces 8 espèces, il y en a 6 qui sont communes avec la colonie d'Archiac. Ainsi les connexions paléontologiques entre ces deux enclaves sont relativement nombreuses.

3. Colonie Krejčí, près Gross-Kuchel.

Cette colonie a été décrite en 1860, dans le mémoire que nous venons de citer, en même temps que la colonie Haidinger. Nous avons aussi établi un parallèle détaillé entre ces deux enclaves voisines. Nous rappelons seulement les principaux faits qui suivent:

La colonie Krejčí est située dans la bande **d 5**, à une hauteur d'environ 150 à 200 mètres au-dessus de la colonie Haidinger. Elle est composée des élémens stratigraphiques que nous allons indiquer, suivant leur ordre naturel de superposition:

4. Couche supérieure de trapp, environ	0 m. 50
3. Schistes impurs, renfermant des lits de schistes à Graptolites, ainsi que des sphéroides et des couches minces de calcaire, environ	18 m. 00
2. Trapps pseudo-stratifiés, environ	1 m. 00
1. Schistes noirs à Graptolites, alternant avec des couches minces de schistes gris, jaunâtres etc. *à la base*	1 m. 50
Total approximatif . . .	21 m. 00

D'après cette composition, il existe une grande analogie entre cette colonie et la colonie d'Archiac. En effet, dans l'une et dans l'autre, nous voyons à la base, des schistes à Graptolites noirs, alternant avec des couches de schistes de diverses couleurs claires.

En second lieu, la masse principale des deux colonies est formée par des schistes impurs. Enfin, dans chacune d'elles, nous trouvons également de nombreux sphéroides de calcaire noir, ou anthracolite. Nous faisons abstraction des coulées de trapps, qui apparaissent dans ces deux enclaves, d'une manière irrégulière.

Nous rappelons, de même, les élémens qui composent la faune de la colonie Krejčí:

Trilobites.

Phacops Glockeri . . . Barr.

Céphalopodes.

1. Orthoc. acuarium? Münst.	13. O. originale . . Barr.
2. O. alticola . . . Barr.	14. O. penetrans . . Barr.
3. O. amoenum . . Barr.	15. O. pleurotomum Barr.
4. O. caduceus . . Barr.	16. O. Saturni . . . Barr.
5. O. currens . . . Barr.	17. O. squamatulum Barr.
6. O. dulce . . . Barr.	18. O. styloideum . Barr.
7. O. fasciolatum . Barr.	19. O. subannulare . Münst.
8. O. Gruenewaldti Barr.	20. O. teres . . . . Barr.
9. O. liberum . . . Barr.	21. O. timidum . . Barr.
10. O. lupus . . . . Barr.	22. O. truncatum . . Barr.
11. O. Michelini . . Barr.	23. O. valens . . . Barr.
12. O. Murchisoni . Barr.	1. Cyrtoc. plebeium Barr.

Ptéropodes.

Hyolithes simplex . . . Barr.

Acéphalés.

1. Cardiola interrupta Sow.	Cardiacés à nommer
2. C. fibrosa . . Sow.	5. } 3 espèces.
3. C. gibbosa . Barr.	6. }
4. C. migrans . Barr.	7. }

Brachiopodes.

1. Leptaena patricia Barr.	3. A. obolina . . . Barr.
2. Atrypa reticularis Linn.	

Graptolites.

1. Diplograpsus palmeus Barr.	4. G. Roemeri . . . Barr.
2. Grapt. colonus Barr.	5. G. Bohemicus . . . Barr.
3. G. priodon Bronn.	

En comparant la liste des fossiles de la colonie Krejčí, avec celle des fossiles de la colonie d'Archiac (p. 24), on voit qu'elles présentent très peu d'espèces communes. Ainsi:

1. Parmi les crustacés, il n' y en a pas une seule forme identique.

2. Parmi les Céphalopodes, nous ne trouvons que 5 espèces qui se répètent, savoir:

1. Orth. originale	4. Orth. truncatum
2. O. styloideum	5. O. valens
3. O. timidum	

3. Les Ptéropodes } ne présentent aucune espèce
4. Les Gastéropodes } commune aux deux colonies.

On doit même remarquer, que les Gastéropodes ne sont pas représentés dans la colonie Krejčí, tandisque nous en connaissons environ 9 espèces, dans la colonie d'Archiac.

5. Parmi les Brachiopodes, nous n'observons aucune espèce identique.

6. Les Acéphalés offrent, au contraire, 3 formes spécifiques, qui se reproduisent dans les deux colonies, savoir:

Cardiola fibrosa . . . Sow.	Cardiola interrupta . . . Sow.
C. gibbosa . . . Barr.	

Il faut observer, que ces espèces comme celles des 4 Orthocères que nous venons de citer, sont également les plus répandues dans la bande **e 1**. Elles sont donc éminemment caractéristiques de la première phase de notre faune troisième.

7. Graptolites. Les 5 espèces de cette famille, qui existent dans la colonie Krejčí, sont communes aux deux colonies.

En résumé, nous connaissons aujourd'hui:

dans la colonie d'Archiac	57 espèces
dans la colonie Krejčí	41 *id.*
total	98

Sur cette somme, il y a seulement 13 espèces identiques. Ce chiffre représente environ 0.13 des deux faunes réunies. On voit par ce résultat, jusqu'à quel point s'étendent les connexions spécifiques entre les colonies placées sur les bords opposés du bassin calcaire. Cependant, l'existence de ces connexions doit nous frapper, si nous considérons, l'isolement des enclaves coloniales,

III. Conclusion du parallèle entre les colonies.

Le parallèle que nous venons d'établir entre la colonie d'Archiac et les colonies qui l'avoisinent, sur les bords opposés du bassin calcaire, nous conduit aux observations suivantes.

1. Malgré les différences partielles, signalées entre les enclaves coloniales, comparées une à une, on reconnaît, que la même composition stratigraphique se reproduit dans les deux séries opposées.

2. Les enclaves placées sur un même bord du bassin présentent entre elles les mêmes différences que celles, qui existent entre les colonies situées sur les deux parties opposées du contour.

3. Il semble que les enclaves, qui appartiennent au contour Sud-Est, sont placées dans la bande **d 5**, sur un horizon plus profond que les colonies du contour opposé. En effet, sur le contour Sud-Est, la distance entre la colonie Krejčí et la bande **e 1** est d'environ 700 mètres, tandisque la colonie Haidinger est à la distance d'environ 850 mètres. Cette distance exprime le *maximum* pour les trois colonies mentionnées sur ce contour. Au contraire, sur le contour opposé, la colonie d'Archiac, qui paraît occuper l'horizon le plus profond, est seulement à la distance de 640 mètres au-dessous de la bande **e 1** correspondante. Nous nous bornons à comparer les distances horizontales, parceque l'inclinaison des couches peut être considérée comme étant moyennement semblable sur tout le contour.

Cette apparence ne saurait être interprétée, comme indiquant sûrement une différence analogue entre les époques, où ces enclaves ont été formées. En effet, on sait combien l'abondance des dépôts sédimentaires contemporains peut varier, durant un même espace de temps, sur des parages très peu éloignés au fond des mers.

Nous faisons abstraction en ce moment des colonies, que nous avons indiquées sur la rive droite de la Moldau, dans notre *Déf. III. p. 102.* parceque la grande fracture sur laquelle est placé le lit de cette rivière, ne nous permet pas de reconnaître exactement la position de ces enclaves dans la série verticale.

4. En ce qui concerne les faunes, nous voyons qu'il n'existe qu'un petit nombre d'espèces communes sur les bords opposés du bassin calcaire. Mais, il faut remarquer, que ce contraste n'est pas plus prononcé que celui qu'on observe entre les colonies voisines, sur un même bord.

5. Dans tous les cas, on ne peut s'empêcher d'attribuer une valeur notable à ces connexions spécifiques, si on se rappèle, que les espèces coloniales sont exclusivement cantonnées dans leurs enclaves, sans se répandre sur la surface des formations ambiantes de la bande **d 5**.

6. La richesse en espèces de chaque colonie, sur les bords opposés, paraît également subordonnée à la présence des sphéroides calcaires. Sans pouvoir remonter à l'origine de ces sphéroides, nous devons remarquer, qu'ils exercent une triple influence, sur la richesse apparente de la faune. D'abord, l'élément calcaire, dont ils sont composés, a dû contribuer à favoriser l'existence des mollusques dans les colonies. Ensuite, la formation des sphéroides, par l'effet d'une affinité chimique, autour des dépouilles de ces mollusques, a contribué à leur conservation. Enfin, ces sphéroides, partout où ils se montrent, nous facilitent la découverte de ces fossiles, qui échapperaient aisément à nos yeux, s'ils n'étaient représentés que par des empreintes frustes, sur la surface terreuse des schistes sans consistance.

Continuité? sous le bassin calcaire, entre les colonies des bords opposés du bassin.

Aux prémiers temps de nos études sur le phénomène colonial, nous avons été très frappé par les analogies que nous venons d'indiquer, entre les colonies situées sur les bords opposés du bassin calcaire. Ces analogies nous avaient induit à penser, que quelques unes de ces enclaves pouvaient s'étendre d'un bord à l'autre, sous la division supérieure. Nous avons même laissé échapper l'expression de cette idée, dans une communication improvisée sur les colonies, devant la Société Géologique de France, le 13 janvier 1851. (*Bull. Sér. 2. T. VIII. p. 150*). Mais, comme cette conception ne repose sur aucun fait constaté, nous nous sommes abstenu de la reproduire dans notre *Esquisse géologique. (Syst. Sil. de Boh. Vol. I. 1852).*

Aujourd'hui, nous rappelons ces circonstances, en laissant à chacun la liberté d'apprécier, d'après les faits exposés, la vraisemblance de notre supposition primitive. Afin que cette appréciation puisse être mieux fondée, nous devons rappeler ici deux documens indispensables, qui doivent être pris en considération.

1. Parmi les enclaves coloniales de la bande **d 5**, nous en connaissons, qui possèdent des masses de schistes à Graptolites, dont l'épaisseur s'élève à plus de 100 mètres. Nous faisons abstraction des couches de schistes gris et quartzites et des coulées de trapps, intercalées dans diverses enclaves, et qui offrent aussi une épaisseur considérable.

2. L'intervalle horizontal entre les colonies opposées, mesuré à travers le bassin calcaire, ne dépasse pas moyennement 6,000 à 7,000 mètres.

Si l'on compare ces données avec celles qui sont relatives à la formation nommée *Bone-bed*, ou couches à *Avicula contorta*, dont on a récemment suivi l'extension à travers une grande partie de l'Europe occidentale, ne pourrait-on pas trouver encore quelque apparence de probabilité, en faveur de la continuité de certaines de nos colonies, sous notre bassin calcaire? Nous nous bornons à poser cette question, pour la solution de laquelle nous ne possédons aucun document.

Chap. 7. **Carte de la colonie d'Archiac et des environs de Ržépora.**

Nos observations géologiques, relatives à la colonie d'Archiac et aux environs de Ržépora, sont figurées sur la carte topographique ci-jointe, qui a été dessinée par notre ami Mr. Carl Praschak, inspecteur émérite de la *Baudirection.* Dans des circonstances semblables, en 1865, nous avons déjà rendu hommage à la consciencieuse exactitude, qui caractérise les traveaux graphiques de cet habile ingénieur. Malheureusement, aujourd'hui, en acquittant une nouvelle dette de reconnaissance pour les bons services que nous devons à sa constante bienveillance, pendant près de 30 ans, nous avons aussi à exprimer les douloureux regrets, que nous cause la perte de cet ancien ami, enlevé par la mort, au commencement de l'année dernière.

Les élémens principaux de notre carte ont été empruntés aux feuilles officielles du cadastre, qui ont été réduites à moitié de leur échelle. Les autres détails, relatifs aux rectifications récentes des chaussées et chemins, aux constructions nouvelles, carrières, etc. ont été relevés par nous sur le terrain, durant nos fréquentes explorations, relatives à cette importante localité. Nous pensons donc, qu'il ne manque à ce travail topographique rien de ce que peut exiger la confiance de nos savans lecteurs. Nous n'avons pas cru devoir figurer complètement par des hachures le relief du terrain, de peur d'obscurcir en partie la clarté des autres indications, plus essentielles dans une carte géologique. Nous avons pu cependant faire ressortir la colline prédominante, que nous nommons *promontoire* et qui est placée au Sud-Est de Ržépora.

D'ailleurs, le relief du terrain, entre les limites sur lesquelles s'étendent nos observations relatives à la colonie d'Archiac, nous semble suffisamment indiqué par notre section principale fig. 1 et par les sections secondaires fig.: 2—3—4, placées au bas de la carte.

Les feuilles du cadastre étant dessinées à l'échelle de 1 pouce pour 40 Toises *(Klafter)* de Vienne, c. à d. $\frac{1}{2880}$ il s'ensuit que notre carte, ou réduction à moitié, est à l'échelle de $\frac{1}{5760}$. En d'autres termes, 1 millimètre représente: $5^{m}.76$ dans le sens horizontal.

Ces proportions nous ont permis d'indiquer toutes les formations de quelque importance, qui peuvent être distinguées par les études stratigraphiques, aux environs de Ržépora.

Afin de rendre plus saisisable, au premier coup d'oeil, la distinction des surfaces occupées par nos deux divisions siluriennes, et par conséquent, pour rendre plus frappant l'isolement de la colonie d'Archiac, nous avons adopté une seule couleur fondamentale et commune à toutes les formations sédimentaires de chacune de ces deux divisions.

La couleur jaune est appliquée sur toute la surface de notre division inférieure. Mais, dans l'étendue de notre carte, il n'existe que des formations représentant presque uniquement la bande **d 5**, qui couronne notre étage des quartzites **D**. Cette bande se compose, il est vrai, de roches ou formations distinctes, de nature quartzeuse, ou schisteuse. Mais, il eût été impossible de distinguer leurs nombreuses alternances, sans nous exposer à beaucoup de complication et à quelque confusion.

La colonie d'Archiac, située au milieu de cette surface jaune, contraste par sa couleur bleue, indiquant l'analogie de ses élémens stratigraphiques avec ceux de la division supérieure.

En effet, la couleur bleue indique toutes les formations sédimentaires, qui constituent cette division. Mais, on remarquera 2 nuances très distinctes, dans cette couleur.

La teinte bleu-clair, avec quelques traits de bleu foncé, s'étend sur toute la surface de la bande **e 1**, base de l'étage **E**. Elle indique une masse de schistes à Graptolites, renfermant des sphéroides calcaires, abstraction faite de quelques couches continues de cette roche. On voit, que la teinte de cette bande est identique avec celle qui distingue la colonie d'Archiac, enclavée dans la division inférieure.

La teinte bleu-foncé montre l'étendue de la surface occupée par notre bande **e 2**, presque uniquement composée de couches calcaires continues, entre lesquelles il n'existe qu'une faible proportion de couches schisteuses.

La transition insensible entre la bande **e 2**, et l'étage **F**, qui lui est superposé, ne nous a pas permis de tracer une limite précise entre ces deux horizons. Cette limite est d'ailleurs cachée sous la terre végétale, qui a opposé un obstacle insurmontable à nos recherches paléontologiques. La surface de l'étage **F** n'est d'ailleurs que très exigue, sur l'espace de terrain figuré sur notre carte.

La couleur rouge est appliquée sur toutes les coulées de trapps, qui existent, soit dans la colonie, soit dans les formations qui constituent nos divisions inférieure et supérieure.

Concordance dans la direction de toutes les formations figurées sur cette carte.

Bien que l'étendue horizontale, embrassée par notre carte, soit très limitée, elle suffit pour montrer, au premier coup d'oeil, que tous les dépôts sédimentaires, considérés dans leur masse principale, offrent une direction concordante. Cette concordance se manifeste également d'une manière évidente, si l'on compare la direction de l'enclave coloniale, avec celle de la bande **e 1**, base de notre division supérieure.

Non seulement les formations sédimentaires présentent cette harmonie, qui caractérise toute série de dépôts successifs, régulièrement superposés, mais nous voyons encore les masses des roches plutoniques, pour ainsi dire forcées de se conformer à cette régularité, malgré l'indépendance de leur origine.

En effet, la plupart des coulées, dont l'existence est apparente sur la surface du terrain, se montrent subordonnées aux formations sédimentaires, entre lesquelles elles sont intercalées. Plusieurs pourraient même être considérées comme de simples couches trappéennes, tandisque celles qui s'éloignent le plus de l'uniformité des formations sédimentaires, se distinguent seulement par une certaine courbure dans leur longueur.

En somme, l'aspect général des formations figurées sur la carte des environs de Ržépora, produit l'impression d'une série de dépôts sédimentaires, entre lesquels les roches plutoniques ne représentent que des accidens secondaires.

Dans tout cet ensemble, il est impossible d'apercevoir un seul indice d'une perturbation mécanique quelconque, qui aurait modifié les relations horizontales entre les formations figurées, depuis leur origine jusqu'à ce jour.

Chap. 8. **Sections verticales du terrain.**

Pour faciliter l'intelligence des relations stratigraphiques entre la colonie d'Archiac et les diverses formations, représentant nos divisions inférieure et supérieure, aux environs de Ržépora, nous avons figuré quatre sections verticales du terrain.

La section principale s'étend à peu près dans la direction du Nord au Sud, à travers tout l'espace horizontal compris sur notre carte. Les trois autres sections, dirigées suivant des lignes parallèles, sont beaucoup plus restreintes et uniquement destinées à illustrer quelques détails locaux.

Concordance dans l'inclinaison de toutes les formations.

Avant de parcourir la série des élémens stratigraphiques, figurés sur ces diverses sections, nous ferons remarquer le fait principal et très apparent, qu'elles sont également destinées à constater.

Ce fait consiste en ce que, aux environs de Ržépora, il existe une concordance manifeste entre les formations, qui constituent les enclaves coloniales et celles qui composent la masse de nos divisions inférieure et supérieure.

Cette concordance, dans l'inclinaison de toutes les formations sédimentaires et même des masses trappéennes, intercalées entre ces formations, est en parfaite harmonie avec la concordance que nous venons de signaler dans la direction horizontale des mêmes élémens stratigraphiques, figurés sur notre carte (p. 68).

Nous ferons remarquer que, dans le dessin des sections, nous n'avons pas figuré partout les couches par des lignes strictement parallèles, parceque cette rigueur n'existe pas dans la nature, et ne serait pas même concevable dans des dépôts sédimentaires, alternant avec des intercalations de roches d'origine plutonique.

Fig. 1. Section principale, suivant la ligne brisée: O. M. N. P.

Les distances horizontales, sur cette section, sont identiques avec celles de la carte. Mais, pour rendre le relief du sol plus sensible, nous avons adopté pour les hauteurs une échelle double.

Ainsi: 1 millimètre représente:
dans le sens horizontal: 5^{m}76 comme sur la carte.
dans le sens vertical: 2^{m}88.

Les couleurs adoptées sur nos sections reproduisent exactement celles qui distinguent les formations sur notre carte. Il est donc aisé de comparer ces documens graphiques.

En commençant par la gauche de la section, c. à d. par l'horizon le plus profond dans la série verticale, au point O, les formations indiquées par les chiffres: 1—3—5 sont composées en grande partie de couches minces de schistes gris et de quartzites, alternant suivant des proportions variables. Ces couches sont principalement visibles sur la pente du côteau, vers le ruisseau venant de Třzebonitz. Il existe d'ailleurs plusieurs carrières: X—Y—Z— qui exposent les roches en question, sur divers horizons superposés et en même temps, les bancs épais de quartzites, qui se reproduisent sur 3 niveaux différens.

Cette partie de la section traverse 2 coulées de trapps, correspondant aux chiffres 2—4 et qui sont intercalées dans ces dépôts.

La colonie d'Archiac est superposée à cette masse, qui paraît représenter un horizon placé à peu près sur la limite des bandes **d 4**—**d 5** (p. 36).

On remarquera, que cette partie, OM, de la section est dirigée suivant l'ancien chemin, qui conduit vers Stodulek, en gravissant directement la colline suivant une pente assez rapide. Nous avons choisi cette direction, parceque c'est sur la surface de ce chemin, que nous avons originairement découvert la colonie décrite, en observant un assez grand nombre de sphéroides calcaires. Les uns étaient encore enclavés dans les schistes impurs, sur les talus de ce chemin creux et les autres avaient été rejetés de la surface des champs voisins. Ce chemin nous a donc présenté, dans les premiers temps, les principaux élémens pour l'étude de la colonie et il offre encore une section très distincte de cette enclave. Plus tard, la construction de plusieurs nouvelles maisons, à l'extrémité du village, sur le chemin de Tržebonitz, nous a fourni l'occasion d'examiner une nouvelle section encore plus apparente de la même colonie.

Au-dessus de cette enclave, notre section montre, que la bande **d 5** est composée de schistes gris, indiqués par les chiffres: 6—8, et renfermant une petite coulée de trapps, portant le Nr. 7. Il est vraisemblable que cette coulée, qui n'est actuellement visible que dans le fossé de la route, s'étend beaucoup plus loin, suivant les deux sens. On voit d'ailleurs, qu'elle se trouve, à peu près, sur le prolongement d'une autre coulée isolée, vers le Nord-Est.

Le point M, contre la chaussée dirigée vers Prague, correspond au Nr. 9 de la section et indique une coulée, qui nous semble devoir être en connexion avec celle sur laquelle cette chaussée est établie.

Le Nr. 10 représente principalement des schistes gris, qu'on voit très distinctement à l'entrée du village et qui ne montrent pas une notable altération. Ils sont recouverts par la coulée Nr. 11, visible entre les maisons, mais qui paraît s'étendre beaucoup plus loin que les deux extrémités figurées.

L'espace Nr. 12, entre cette coulée et celle qui constitue le promontoire, est en grande partie couvert par des jardins, dans la direction de notre section. Cependant, nous avons pu observer, en grande partie, le prolongement de ces couches, dans le village et sur les bords du ruisseau. Nous remarquons parmi elles des roches entièrement métamorphiques et qui présentent une couleur vert-foncé, comme si elles avaient été imprégnées par la substance des trapps. Elles ne conservent plus aucune des apparences pétrographiques des schistes de la bande **d 5**. D'autres couches maintiennent leur aspect primitif, et représentent bien les dépôts habituels de cette bande. On les reconnaît surtout dans leur prolongement, en suivant les chemins, soit à l'Est, soit à l'Ouest du village.

La grande coulée Nr. 13 constitue une colline élevée, que nous nommons *promontoire*, et qui domine tout le village. Sur le versant de cette colline, incliné vers le Sud, il existe diverses alternances entre les trapps, les quartzites et les schistes durcis. Nous avons compris cet ensemble dans le Nr. 14, parceque l'échelle de notre section ne nous permet pas d'indiquer toutes les répétitions de ces diverses roches. Cette formation forme le couronnement, ou la limite supérieure de notre bande **d 5**.

Au-dessus de cette limite, commencent les dépôts des schistes à Graptolites, appartenant à notre bande **e 1**, et qui sont figurés par la couleur bleu-clair. Ces dépôts s'étendent vers le Sud et portent les Nr. 15—17—19. On voit que les Nr. 16—18—20 alternant avec les précédens, indiquent des coulées des trapps, régulièrement intercalées dans la masse schisteuse. Mais, nous devons faire remarquer que, dans cette masse de schistes, on peut distinguer plusieurs autres apparitions de la roche trappéenne, sous la forme de couches, dont l'apparence semble indiquer un mélange avec la substance schisteuse, de sorte qu'il est difficile de caractériser leur nature pétrographique. Ces couches étant d'ailleurs peu épaisses, il était impossible de les figurer sur notre section.

La coulée Nr. 18, formant un monticule, à gauche, le long du chemin qui monte vers Lochkov, renferme un assez grand nombre de nodules calcaires, qui paraissent avoir été entraînés par la masse en état de fusion, ou de consistance pâteuse. La partie saillante de cette coulée présente un exemple remarquable de décomposition sphéroidale. Ces sphéroides, dont le diamètre varie entre 10 et 60 centimètres, s'exfolient par couches minces, concentriques, de sorte que leur section est comparable à une rose entrouverte. Nous observons une décomposition analogue dans quelques unes des couches que nous venons de signaler, comme renfermant une proportion de la matière trappéenne. Elles sont exposées sur le talus du ravin, qui longe le chemin de Lochkov, sur la droite, en montant vers le Sud.

Fig. 2. Section suivant la ligne Q. K. R.

Cette section est destinée à montrer les relations qui existent entre la colonie, les coulées de trapps, qui lui appartiennent et les bancs épais de quartzites sous-jacents dans la bande **d 5**.

L'échelle des dimensions horizontales et verticales est la même que dans la section précédente.

En commençant par la gauche et par le point le plus bas dans la série verticale, près du ruisseau, la formation Nr. 1 fait partie de la masse des schistes gris et quartzites, dont l'existence a déjà été indiquée dans la section précédente. Ces couches sont très visibles sur les talus, près du ruisseau.

Le Nr. 2 représente une coulée de trapps, dont les deux extrémités sont cachées sous le sol.

Le Nr. 3 est une formation de la bande **d 5**, qui se distingue de la précédente, en ce qu'elle présente à sa base et à son sommet, une série de bancs épais de quartzites. Ces bancs ont été exploités par des carrières, X—Y, indiquées sur notre section, comme sur la carte. Voir ci-dessus (p. 32).

La colonie d'Archiac repose sur les bancs supérieurs de quartzites, X. La section traverse une coulée de trapps formant sa base et la masse des schistes à Graptolites, dans l'intérieur de laquelle une seconde coulée est intercalée, au point K.

Au-dessus de la colonie, se trouve la coulée de trapps Nr. 4, qui paraît en contact avec elle sur une faible étendue.

La formation Nr. 5 consiste dans une masse de schistes gris, sans consistance, exposés entre les maisons du village.

Si l'on considère, dans la formation Nr. 3, les bancs épais de quartzites, qui se répètent symétriquement comme les trapps au sommet et à la base de cette masse, on pourrait être tenté de supposer, que cet ensemble résulte d'un pli. Mais, cette supposition s'évanouit, si l'on remarque, que les autres formations supérieures et inférieures ne se prêtent point à cette combinaison. Ainsi, au-dessous de la coulée Nr. 2, il n'existe aucune trace des schistes à Graptolites, qui devraient se trouver sur cet horizon, si le pli était réel.

Fig. 3. Section au point K, maison Nr. 69.

Cette section étant destinée à montrer des détails, qui disparaissent à cause de leurs dimensions, dans la section précédente, nous avons adopté l'échelle de 2 millimètres pour 1 mètre, aussi bien dans le sens horizontal que dans le sens vertical.

Notre figure représente une section naturelle, sur la paroi presque verticale du côteau, qui a été déblayé pour former une cour, autour de la maison Nr. 69. On voit, que les deux coulées jumelles sont sensiblement parallèles entre elles, à la distance d'environ $1^{m}60$. Leur épaisseur est semblablement d'environ 2^{m}. Leurs surfaces supérieures et inférieures sont aussi régulières que celles des couches schisteuses. Leur masse est compacte et elle ne montre que des fissures irrégulières.

Les schistes à Graptolites offrent les mêmes apparences, soit au-dessous, soit au-dessus des deux coulées, soit dans l'intervalle qui les sépare. Leur consistance est à peine augmentée dans le voisinage des trapps, mais ils ne sont ni silicifiées, ni rubannés, comme dans d'autres localités. Entre ces schistes, on trouve des sphéroides de calcaire noir, semblables à ceux qui existent dans les autres parties de la colonie.

Fig. 4. Section suivant la ligne S. T.

Cette section, parallèle à la partie M. N. de la section principale, est destinée à montrer les relations stratigraphiques de la seconde apparition des schistes à Graptolites, dans les environs de Ržépora.

L'échelle des distances horizontales est la même que sur la carte, et l'échelle des hauteurs est double.

En commençant par la gauche, c. à d. par l'horizon le plus bas dans la série verticale, les couches inférieures font partie de celles, que nous venons de signaler (p. 72) comme fortement altérées et comme ayant perdu toutes les apparences des schistes de la bande **d 5**. Au contraire, nous retrouvons ces apparences très bien conservées, dans les couches de schistes et quartzites, qui sont situées vers le sommet de la même masse, et qui s'étendent jusqu'au contact de la grande coulée de trapps, Nr. 2, formant la colline nommée promontoire.

Mais, parmi ces roches non altérées de **d 5**, nous voyons quelques couches isolées de schistes à Graptolites, recouvertes par une coulée mince de trapps, qui paraît régulièrement interstratifiée, parmi les autres couches. Cette seconde enclave de schistes graptolitiques, par le fait même qu'elle est très restreinte dans son épaisseur verticale, contribue à démontrer, que l'apparition antérieure des mêmes schistes, constituant la colonie d'Archiac, n'est pas dérivée de la bande **e 1**, par une perturbation mécanique du terrain.

La grande coulée Nr. 2, située verticalement à quelques mètres au-dessus de l'enclave que nous venons de mentionner, forme le prolongement vers l'Est de celle qui est figurée dans la section principale, sous le même nom de promontoire.

Nr. 3. Sur cette coulée nous retrouvons les schistes et quartzites de la bande **d 5**, qui forment la surface de la colline inclinée vers le Sud. Ces roches, bien que partiellement altérées, conservent cependant les apparences générales de cette bande. Lorsqu'on embrasse d'un seul coup d'oeil toute l'étendue de cette colline, qui est notablement arquée et concave vers le Sud, on remarque aisément, que la nuance jaunâtre de cette formation de **d 5** contraste avec la couleur foncée des schistes à Graptolites et des roches de la bande **e 1**, qui couvrent la surface plus loin, vers l'Est.

II.

Paix aux Colonies.

Paix aux Colonies.

La paix règne aux Colonies siluriennes de la Bohême.

La vérité et le temps ont accompli lentement, mais sûrement, leur oeuvre habituelle de conviction et de conciliation.

Après avoir subi l'épreuve de la répulsion, à laquelle sont ordinairement soumises les découvertes imprévues par la science, les Colonies de notre bassin occupent paisiblement la place qui leur appartient, parmi les phénomènes dignes de l'attention des géologues.

C'est le résultat final, que nous n'avons cessé d'attendre avec patience et avec confiance, depuis près de 20 ans. Quelques amis, et avant tous, notre illustre maître, Sir Rodérick Murchison, ayant foi dans nos observations, ont bien voulu partager cette confiance. Honneur à leur longanimité!

Ce résultat nous montre, encore une fois, que les théories géologiques, au lieu d'être absolument rigides dans leurs principes et irrévocablement arrêtées, doivent être douées, au contraire, d'une grande élasticité, pour pouvoir embrasser, au besoin, les faits inattendus et même ceux qui paraissent, pour ainsi dire, impossibles, d'après les idées de l'âge où nous vivons. A nos yeux, la science est loin d'être achevée, et elle se fait lentement, en surmontant les difficultés de l'observation et aussi en se dégageant péniblement des entraves, que notre intelligence humaine et bornée se crée à elle même, par ses théories préconçues.

Nous profitons de la première occasion qui se présente, pour mettre sous les yeux des savans les documens qui constatent la clôture des débats relatifs à nos Colonies, dans le bassin silurien de la Bohême.

Déclaration envoyée le 16. novembre 1869 par Mr. le Prof. J. Krejčí à Mr. le Chev. Franz de Hauer et publiée le 16. décembre 1869, dans les *Verhandlungen* de l'Institut Impérial Géologique de Vienne. *(Traduction).*

„La part que j'ai prise, dans le temps, en qualité de volontaire, aux travaux de l'Institut Impérial Géologique, en Bohéme, ainsi que ma considération pour les résultats scientifiques obtenus par Mr. Barrande, m'imposent le devoir de déclarer que, par suite d'une nouvelle étude des relations stratigraphiques des colonies siluriennes et des diverses parties de la *Défense* publiée par Mr. Barrande à ce sujet, ma précédente tentative pour expliquer les colonies par des dislocations, ne peut pas être soutenue."

„L'abondance surprenante des nouveaux documens géologiques, que Mr. Barrande a exposés dans sa *Défense*, montre que les discussions sur les colonies n'ont pas été infructueuses et il me sera permis, sans crainte d'être mal interprété, d'exprimer le voeu, que la continuation annoncée de la *Défense* renferme dans tous ses détails la solution définitive de la question agitée."

Prof. J. Krejčí.

Mr. le Prof. J. Krejčí nous ayant fait l'honneur de nous communiquer, dès le 16. novembre, la déclaration qui précède, accompagnée d'une lettre dans le même sens et qu'il serait superflu de reproduire ici, nous lui avons répondu dans les termes qui suivent:

A Monsieur le Prof. J. Krejčí.

Prague, 19. novembre 1869.

Très honoré Professeur,

Je vous remercie d'avoir bien voulu me communiquer la déclaration que vous avez adressée, le 16. de ce mois, à Mr. le Chev. Franz de Hauer, en le priant de la publier dans les *Verhandlungen* de l'Institut Impérial Géologique.

Cette déclaration fait honneur à votre loyauté scientifique et elle met fin à nos débats au sujet des colonies.

Je me dispose à publier, dans quelques semaines, la description de la colonie d'Archiac, avec une carte spéciale des environs de Ržépora et ensuite, successivement, tous les autres documens que j'ai préparés, pour compléter l'illustration du remarquable phénomène colonial, dans le bassin silurien de la Bohême. Ainsi, les voeux que vous exprimez à ce sujet, sont en parfaite harmonie avec mes intentions.

Quant à Mr. Lipold, que vous recommandez à mon indulgence, dans votre lettre du 16., parcequ'il a suivi vos indications et n'a passé que peu de temps sur le terrain silurien, j'espère qu'il imitera le bon exemple, que vous venez de lui donner et que nous pourrons ensevelir, dans un commun oubli, toutes les erreurs du passé, sans remonter à leur source.

Je profite avec plaisir de cette occasion, pour vous offrir mes remercimens et mes félicitations, au sujet du beau et solide travail, que vous avez récemment publié sur le Terrain Crétacé de la Bohême, avec la coopération de Mr. le Doct. Anton Fritsch.

J'espère que tous nos travaux réunis assureront à la Bohême un rang élevé, parmi les contrées de l'Empire d'Autriche, qui, grâce aux travaux intelligens de l'Institut Impérial Géologique, fournissent à la science les plus fructueux enseignemens.

Agréez, très honoré Professeur, l'expression de ma considération très distinguée.

J. Barrande.

En publiant les deux documens qui précèdent, Mr. le Chev. Franz de Hauer, Directeur de l'Institut Impérial Géologique, a bien voulu ajouter la déclaration suivante, que nous nous faisons un devoir de reproduire, parcequ'elle montre la libéralité scientifique et les vues impartiales de cet éminent géologue *(Traduction)*.

„J'accomplis avec un grand plaisir le désir exprimé par M. M. J. Krejčí et J. Barrande, en publiant les communications suivantes, dans nos *Verhandlungen.* Dans le premier de ces documens, M. Krejčí révoque complètement ses anciennes vues sur les colonies de Mr. Barrande."

„Les pages de notre publication doivent toujours être ouvertes, d'une manière impartiale, à l'expression de toutes les opinions scientifiquement fondées et je saisis volontiers cette occasion pour déclarer que, tous les travaux et communications, même des membres de notre Institut, que nous publions, n'expriment que les vues individuelles de chacun des auteurs. Nous n'entendons nullement présenter une solution, en quelque sorte *oficielle*, des questions géologiques débattues."

En lisant cette déclaration, tous les savans comprendront comme nous, que de hautes convenances ont empêché M. le Chev. de Hauer de lui donner un effet rétroactif, en l'étendant à toutes les publications antérieures de l'Institut Impérial et notamment à celles qui ont rapport à la question coloniale.

Mais, nous nous attribuons le droit et nous nous faisons aussi un devoir de supléer à ce silence, en rappelant que, dès 1861, nous avons hautement protesté au nom de M. le Chev. de Hauer et au nom de tous les autres géologues Impériaux, contre toute apparence tendant à faire croire, que l'Institut Géologique, en corps, se prononçait contre nos colonies. *(Déf. I. p. 7 et 8).*

Comme aucune des parties intéressées n'a réclamé contre notre protestation, nous avons la confiance que, ni l'honorable Directeur de l'Institut Impérial, ni aucun de ses honorables collaborateurs, ne nous saura mauvais gré de compléter ainsi la déclaration qui précède.

Quelques jours après la publication de la déclaration de M. le Prof. Krejčí, dans les *Verhandlungen* de l'Institut Impérial Géologique, nous avons reçu la lettre suivante, qui nous a été adressée par M. le Conseiller aux mines, M. V. Lipold, directeur des mines Impériales à Idria. *(Traduction.)*

Monsieur,

„M. le Prof. Krejčí m'annonce, que les relations paléontologiques des colonies du bassin silurien de la Bohème se montrent réellement différentes de celles qu'il avait conçues en 1859, durant l'exploration géologique détaillée des environs de Prague."

„Comme, outre les relations stratigraphiques des colonies, les indications paléontologiques de M. Krejčí ont servi principalement de fondement à mon Mémoire sur les colonies *(Jahrbuch der Geol. Reichsanstalt — XII)*, la nouvelle manière de voir de M. Krejčí, sur les relations paléontologiques des alentours des colonies enlève aussi à mes vues personnelles sur ce sujet, leur base la plus essentielle."

„J'ai l'honneur de porter ce fait à votre connaissance en ajoutant que, d'un côté, je regrette de n'avoir pas pu, comme M. Krejčí, reconnaître sur le terrain le véritable état des choses et que, d'un autre côté, je constate avec plaisir la vérité du proverbe: *errando discimus*, puisque les vues erronnées que j'ai partagées avec M. Krejčí sur la faune des colonies, ont donné lieu aux publications très intéressantes et instructives de notre *Défense*."

„J'ai l'honneur d'être, Monsieur, avec une considération distinguée, votre très humble serviteur,"

Idria, 27. décembre 1869.

M. V. Lipold.

P. S.

„Je prends la liberté d'envoyer une copie de la lettre qui précède à M. le directeur de l'Institut Impérial Géologique, afin qu'il veuille bien en prendre connaissance."

En réponse à la lettre de M. Lipold, nous lui avons adressé la lettre suivante:

A Monsieur le conseiller aux mines M. V. Lipold, directeur des mines Impériales d'Idria.

Prague, 2. janvier 1870.

Monsieur le Directeur,

Puisque vous reconnaissez, dans votre lettre du 27 décembre dernier, que la base la plus essentielle de vos conclusions contre mes colonies leur est enlevée par la récente déclaration

6*

de M. le Prof. J. Krejčí, je considère nos débats sur ce sujet comme terminés.

M. le Prof. Krejčí vous ayant recommandé à mon indulgence, dans sa lettre du 16. novembre, il est de mon devoir de le recommander de même à votre équité, en vous faisant remarquer, qu'il n'a jamais contesté les relations paléontologiques de mes colonies, qui sont de toute évidence.

Sa déclaration du 16. novembre prouve clairement que, comme vous, il a seulement contesté leurs relations stratigraphiques, qui peuvent échapper à des observations insuffisantes.

D'ailleurs, les indications quelconques de M. le Prof. Krejčí, au sujet des colonies, ne devaient pas vous entraîner inévitablement aux erreurs de diverse nature, plus ou moins grave, que vous avez commises, et que j'ai signalées en partie. Ainsi, l'origine de ces erreurs ne saurait remonter jusqu'à M. Krejčí et elles doivent rester à votre compte. Comme vous venez de les réduire à l'état de souvenirs, par votre déclaration, *je m'empresse de les ensevelir dans les profondes oubliettes du silence*, suivant ma promesse de 1862. *(Déf. — II. p. 60).*

Je regrette comme vous, que vous ne soyez pas revenu en Bohême, pour faire, à tète reposée, une nouvelle exploration du terrain. Il me semble, que ce voyage n'a eu pour vous aucun attrait, malgré les pressantes invitations que je vous ai adressées, en 1862, en vous répétant nombre de fois: revenez, revenez. *(Déf.—II. p. 57.)*

Quant au compliment rempli de courtoisie, que vous avez bien voulu m'adresser, ainsi que M. le Prof. Krejčí, au sujet des publications de ma *Défense*, je l'accepte sans façon, parcequ'il confirme ma conviction, qu'en maintenant les résultats de mes recherches, je n'ai dépas é les bornes, ni de la justice, ni de la modération.

Agréez, Monsieur le directeur, l'expression de ma haute considération.

J. Barrande.

Observations finales sur les débats relatifs aux Colonies.

Les différends au sujet des Colonies se trouvent ainsi réglés, à l'avantage de la science. Cependant, nous ne nous flattons pas de l'espoir de voir immédiatement cesser toute opposition contre la doctrine coloniale.

Quelques personnes continueront peut-être à employer contre elle deux sortes de manifestations, qui échappent à toute réfutation, par leur nature insaisissable.

L'une de ces manifestations consiste simplement à écrire: les *soi-disant colonies*, ce qui exprime, le plus souvent, toutes les connaissances de l'écrivain sur cette matière.

Ce *soi-disant* nous rappèle, malgré nous, le *ci-devant*, apposé durant des années de triste mémoire, devant les noms d'une classe condamnée à être éliminée des rangs de la société civile, en France. Le temps et la raison ont fait évanouir ce ci-devant et cette classe tient paisiblement son rang, dans le monde.

De même, la raison et le temps effaceront le *soi-disant* et les colonies resteront paisiblement dans la science.

L'autre manifestation consiste à éviter soigneusement de nommer les colonies, même dans des ouvrages, destinés, dit-on, à présenter au public les élémens de la géologie et son état actuel.

Il nous semble, que ceux qui n'ont que le silence à opposer à des faits, doivent être bien peu rassurés sur la solidité de leurs doctrines orthodoxes, puisqu'ils redoutent de les voir ébranlées par la simple mention d'un nouveau phénomène.

La doctrine qui exclut de ses considérations tout un ordre de faits bien constatés, ne saurait constituer la véritable science géologique, qui doit embrasser les résultats de toutes les observations dignes de foi.

Au lieu de recourir à ces bouderies muettes, totalement stériles pour la science, il nous semble qu'il serait plus profitable d'exposer nettement les objections qu'on peut faire contre les colonies, car ces objections pourraient avoir l'avantage d'appeler notre attention sur quelques circonstances, qui n'auraient pas été suffisamment élucidées aux yeux de tous les savans.

Par conséquent, si quelque respectable partisan de l'ancienne orthodoxie paléontologique se sent fort de loyaux argumens, pour combattre la doctrine coloniale, nous le prions de se hâter d'entrer dans la lice ouverte depuis plus de 10 ans, et sur laquelle nous nous tenons debout, prêt à répondre à tout venant.

Dans la réserve de nos armes courtoises, il existe encore quelques colonies, qui n'attendent qu'un beau nom, pour se produire dans le monde savant, comme celles que nous inaugurons aujourd'hui, sous les auspices de d'Archiac et de Bernhard von Cotta. Nous tiendrons notre promesse de 1861 : *Nemo indonatus abibit.* (*Déf. des Col. I. p. 34.*)

Afin que chacun puisse aisément apprécier les observations et les considérations, qui nous ont déterminé à introduire dans la science l'idée des colonies, nous allons présenter, dans le travail qui suit, les caractères principaux, qui distinguent ces enclaves, sous les rapports: topographiques, pétrographiques, stratigraphiques et paléontologiques. Nous offrons ainsi aux savans, autant qu'il est en nous, l'occasion de manifester les doutes ou objections de nature quelconque, qui seraient contraires à notre doctrine coloniale.

III.

Caractères généraux des Colonies siluriennes de la Bohême.

Caractères généraux des Colonies siluriennes de la Bohême.

Introduction.

Notre temps suffisant à peine pour la publication de nos recherches paléontologiques, dans laquelle nous sommes laborieusement engagé, il nous serait impossible, en ce moment, de communiquer aux savans toutes nos observations locales sur les colonies et les divers documens que nous préparons depuis longtemps, pour l'illustration de ce phénomène dans notre bassin. D'ailleurs, s'il ne faut pas moins de 9 ans pour mûrir une oeuvre d'imagination, suivant le précepte d'Horace: *nonum condatur in annum*, l'expérience nous enseigne, que la vie active d'un homme ne serait pas trop longue, pour parfaire des travaux d'observation, surtout en matière sujette à contestation; car, chaque année apporte son conseil et sa lumière, en faveur de la vérité.

Mais, la question coloniale étant entrée dans une nouvelle phase, qui doit réveiller l'attention publique, il nous semble convenable d'exposer, d'une manière sommaire, les caractères généraux, qui distinguent les colonies, sous les divers rapports: topographiques, pétrographiques, stratigraphiques et paléontologiques.

Nous pensons, que ce résumé général de nos observations, appuyé sur les descriptions particulières de diverses colonies, déjà publiées, fournira aux géologues les moyens de se convaincre, que notre zone coloniale, qui offre une apparence d'étrangeté, par les alternances des faunes seconde et troisième siluriennes, doit cependant son origine à une succession de phénomènes naturels, sans l'intervention d'aucune perturbation mécanique du sol, postérieure au dépôt des formations dont elle est composée. Ils arriveront aisément à cette conviction, si, en tenant compte, d'abord, de nos observations répétées durant plus de 30 ans, ils veulent bien en outre, considérer, d'un côté, l'isolement relatif de la Bohême, résultant des barrières naturelles, qui l'entourent, et d'un autre côté, l'antériorité habituelle d'existence, bien constatée dans la grande zone septentrionale, pour un grand nombre de types et d'espèces, appartenant aux Crustacés, à tous les ordres des Mollusques, et aux autres classes animales.

Dans tous les cas, nous espérons que l'exposition des faits généraux et des considérations qui vont suivre, contribuera à dissiper certains préjugés, qui peuvent encore exister au sujet des colonies, et permettra à chaque savant de bien déterminer et de restreindre les limites des doutes ou objections, qui pourraient s'élever dans son esprit, relativement à cet ordre de phénomènes.

Nous appèlerons successivement l'attention sur les sujets d'étude qui suivent:

Chap. 1. Description sommaire du bassin silurien de la Bohême.

Tableau des subdivisions verticales de notre terrain, indiquant leurs élémens pétrographiques, les principaux élémens paléontologiques, et les localités typiques.

Chap. 2. Configuration topographique de la zone coloniale.

Distribution horizontale des colonies et des coulées isolées de trapps, sur la surface de cette zone.

Chap. 3. Comparaison des élémens pétrographiques des enclaves coloniales avec ceux des bandes: **e 1—e 2**, de la division supérieure, et avec ceux des bandes: **d 4—d 5**, dans la division inférieure.

Chap. 4. Relations stratigraphiques entre les formations coloniales et les formations ambiantes de **d 4—d 5.**

Chap. 5. Relations paléontologiques entre la faune coloniale et les faunes normales, seconde et troisième de notre bassin.

Chap. 6. Relations paléontologiques entre la faune coloniale de la Bohême et les faunes siluriennes, seconde et troisième des contrées étrangères.

Chap. 7. Ordre de réapparition des espèces coloniales dans notre faune troisième.

Chap. 8. Parallèle entre les espèces coloniales et les espèces des faunes normales, sous le rapport de leur durée et des variations correspondantes, observées dans leurs formes.

Chap. 9. Discussion des combinaisons stratigraphiques imaginées pour faire disparaître l'anomalie coloniale.

Transposition de la limite entre les deux grandes divisions du système silurien, en Bohême.

Etablissement d'un silurien moyen, dans notre bassin.

Chap. 10. Interprétation de l'origine des colonies de la Bohême.

Chap. 11. Résumé des études qui précèdent.

Chap. 1. Description sommaire du bassin silurien de la Bohême.

Pour bien comprendre et convenablement apprécier le phénomène, auquel nous avons donné le nom de *Colonies*, il est indispensable de connaître la disposition topographique et la succession stratigraphique des divisions et subdivisions principales, qui constituent le bassin silurien de la Bohême.

Ce bassin se distingue d'abord, parcequ'il présente un ensemble à peu près complet, et ensuite, parceque sa structure, dans le sens horizontal et dans le sens vertical, offre à la fois une grande simplicité et une grande régularité. Cette structure peut-être aisément conçue, d'après les indications qui suivent et qui résument brièvement notre *Esquisse géologique*, publiée en 1852. dans notre *Syst. Silur. du centre de la Bohême Vol. I. p. 57 à 99.*

I. Forme et étendue géographique du bassin.

Notre bassin figure à peu près un ovale alongé. Sur la plus grande partie de son contour, les roches cristallines, Granit, Gneiss etc., semblent indiquer ses limites primitives. Sur l'autre partie, les bords sont un peu irrégulièrement cachés, sous les terrains limitrophes, de divers âges, postérieurs à la période silurienne. Les parties du contour, qui deviennent invisibles par cette superposition, appartiennent uniquement aux formations non fossilifères, connues ailleurs sous le nom de systême Cambrien.

L'axe longitudinal de cet ovale est dirigé à peu près du Nord-Est vers le Sud-Ouest. Sa longueur est d'environ 20 milles géographiques allemands, ou 148 Kilomètres.

La largeur du bassin augmente d'une manière presque régulière, en allant du Nord-Est vers le Sud-Ouest. Le *minimum*, au Nord-Est, ne dépasse guère 30 Kilomètres; le *maximum*, vers le Sud-Ouest, atteint près de 74 Kilomètres.

La surface occupée par les formations fossilifères de notre bassin est relativement peu considérable. Elle représente à peine $\frac{1}{60}$ de la superficie de la mer Adriatique. Elle est donc minime, par rapport à l'immense étendue des formations siluriennes en Amérique. Quant à la puissance verticale, les dépôts de la Bohême sont comparables à ceux de la plupart des terrains contemporains.

Dans le bassin ainsi défini, on peut aisément reconnaître d'autres bassins, à peu près concentriques, dont les contours correspondent aux limites des formations siluriennes successives, dans l'ordre des âges, et dont les diamètres se réduisent rapidement. Chacune de ces formations recouvre une formation plus ancienne, en laissant cependant, autour de sa base, un assez grand espace à découvert, pour qu'on puisse suivre chaque bassin sur son contour et établir ainsi l'identité des dépôts correspondans, sur un même horizon, de chaque côté de l'axe longitudinal.

Cet axe divise la surface de notre bassin en deux parties, un peu inégales, l'une au Nord-Ouest et l'autre au Sud-Est.

II. Direction et inclinaison des couches.

Dans ces deux parties, la direction des couches reste à peu près constante, quoique on observe diverses variations locales. On peut admettre, que la direction moyenne est: Est + 15°-Nord, prise à la boussole.

Abstraction faite des perturbations locales, l'inclinaison des couches, dans chacune des deux moitiés du bassin, plonge vers l'axe principal. Cet axe peut donc être considéré comme synclinal, par rapport à l'ensemble de notre terrain.

Cette circonstance tend à compléter l'idée de *bassin*, ou de *mer intérieure*, que fait naître la forme géographique indiquée. Nous ne supposons pas, que ce bassin fût entièrement fermé, mais, nous ignorons en quels points avaient lieu les communications avec les autres mers siluriennes, contemporaines. Dans tous les cas, l'isolement relatif, si non absolu de la mer de Bohême, dérivant de l'existence de barrières naturelles, c. à d. de la ceinture saillante de roches cristallines, que nous voyons encore aujourd'hui sur son contour, a dû puissamment contribuer aux apparences insolites du phénomène colonial.

III. Ordre de succession verticale.

Les formations qui constituent notre bassin sont superposées d'une manière évidente, dans le sens vertical. Cette superposition a lieu en stratification concordante, pour toutes nos formations fossilifères; les seules qui doivent être prises en considération dans ce travail.

Les divisions et subdivisions principales, que nous avons établies dans la série verticale de nos formations, sont fondées à la fois: sur l'ordre de leur superposition; sur leurs caractères pétrographiques et sur leurs caractères paléontologiques. Ces caractères concordent généralement dans leurs variations simultanées.

Par suite de circonstances purement locales, et propres à la Bohême, nos deux divisions générales se distinguent dans leur ensemble, par la nature minérale de leurs roches.

La division supérieure est composée presque uniquement de formations calcaires. Les schistes et les quartzites y paraissent d'une manière très subordonnée.

La division inférieure, au contraire, est en partie composée de conglomérats, et principalement de schistes et de quartzites, offrant des apparences et des proportions très variées. L'élément calcaire n'est représenté dans toute cette division que par quelques sphéroides isolés.

Malgré ce contraste, nos deux divisions générales correspondent, de la manière la plus satisfaisante, aux deux divisions que l'illustre fondateur du *Système Silurien*, Sir Rodérick Murchison, a originairement établies, dans la contrée typique d'Angleterre. Il est clair, que cette correspondance ne saurait être fondée sur les caractères pétrographiques, naturellement différens dans chaque contrée. Elle repose uniquement sur les caractères paléontologiques des faunes générales, représentées dans chacune de ces deux divisions.

Nous distinguons:

dans notre division supérieure 4 étages: **E—F—G—H**,
dans notre division inférieure 4 étages: **A—B—C—D**.

L'ordre alphabétique indique la superposition de ces subdivisions principales.

Dans chacun des étages fossilifères, nous établissons des subdivisions de troisième ordre, que nous nommons: *bandes*.

A partir de la base cristalline, au dessous de notre terrain les deux étages inférieurs: **A—B** sont composés de roches sémi-cristallines, ou de conglomérats. Nous n'y connaissons aucune trace indubitable de la vie organique. C'est le sens du nom de: *Etages Azoiques*, que nous leur avons donné, suivant la nomenclature adoptée par Sir Rodérick Murchison, en Angleterre. Ce nom n'a jamais signifié, que ces dépôts étaient antérieurs à toute apparation de la vie animale sur le globe. Nous avons nettement établi le sens de cette dénomination, dans notre communication sur le terrain silurien du centre de la Bohême, faite à la société géologique de France, le 13. janvier 1851. *(Bull. Sér. 2. T. VIII. p. 150).*

Tous nos autres étages: **C—D—E—F—G—H**, sont fossilifères. Le tableau suivant indique, non seulement pour chacun d'eux, mais encore pour chaque bande, les élémens pétrographiques, les principaux caractères paléontologiques et les localités typiques.

Les étages et les bandes sont disposés sur ce tableau, d'après leur ordre naturel de superposition.

On remarquera, que notre division inférieure renferme deux faunes générales, distinctes, que nous nommons:

II. *Faune seconde.* dans l'étage **D**.
I. *Faune primordiale,* dans l'étage **C**.

Au contraire, notre division supérieure est caractérisée par une seule faune générale, que nous nommons:

III. *Faune troisième*

et qui s'étend à travers toute la hauteur des étages: **E—F—G—H**.

Les avantcoureurs de cette faune troisième constituent les colonies, qui ont apparu durant les dernières phases de la faune seconde. Elles sont enclavées dans la bande **d 4** et principalement dans la bande **d 5**, de notre étage **D**.

IV. Tableau des subdivisions verticales du Bassin silurien de la Bohême.

Etages	Bandes	Elémens pétrographiques	Principaux caractères paléontologiques	Localités typiques
Division supérieure.			**III. Faune troisième.**	
H	h 3	Schistes argileux, fissiles, sans calcaires.	sans fossiles	Hostin
H	h 2	Schistes argileux, fissiles, alternant p. couches minces avec des quartzites, *sans sphéroides calcaires.*	sans fossiles	Hostin. Holin. Hlubočep.
H	h 1	Schistes argileux fissiles, *sans quartzites et sans calcaires.*	2 Trilobites 13 Céphalopodes (3 *Goniat.*) 3 Ptéropodes (*Tentac. fréq.*) *Cardiola retrostriata* etc.	Hostin. Srbsko. Hlubočep.
G	g 3	Calcaire noduleux, très semblable au calcaire de **g 1**. Rognons siliceux. (*Cherts.*)	3 Trilobites 86 Céphalopodes (14 *Goniat.*) 2 Ptéropodes Gastéropodes, Brachiopodes, Acéphalés: rares	Hlubočep. Chotecz.
G	g 2	Schistes argileux, fissiles, renfermant des *sphéroides calcaires; sans quartzites.* - Quelq. rar. coulées de Trapps.	6 Trilobites 12 Céphalopodes (1 *Goniat.*) 3 Ptéropodes (*Tentac. fréq.*) Acéphalés, Brachiopodes: rares	Hlubočep. Chotecz.
G	g 1	Calcaire noduleux, très semblable au calcaire de **g 3**, mais, beaucoup plus puissant.	4 Poissons 56 Trilobites 55 Céphalopodes (2 *Goniat. au sommet de* **g 1**) 10 Ptéropodes Gastéropodes, Acéphalés, Brachiopodes: rares	Hlubočep. Chotecz. Tetin. Branik. Lochkov. Kosořz.

Etages	Bandes	Elémens pétrographiques	Principaux caractères paléontologiques	Localités typiques
F	f 2	Calcaire compacte, souvent blanc ou rouge.	1 Poisson (*premier ? en Bohême.*) 84 Trilobites 60 Céphalopodes (*premiers Goniat.* 6) 15 Ptéropodes Gastéropodes, Brachiopodes : très nombreux Acéphalés rares. Polypiers fréquens.	Konieprus. Mnienian. St. Ivan.
	f 1	Calcaire compacte, noir, ou gris foncé - non fétide.	11 Trilobites 31 Céphalopodes 2 Ptéropodes (*premiers Tentaculites.*) Gastéropodes, Brachiopodes, Acéphalés : rares derniers Graptolites	Lochkov. Vallon de Slivenetz. Dvoretz.
E	e 2	Calcaire compacte, souvent fétide, en couches continues, fréquemment noirâtre, mais blanchâtre en quelques localités.	81 Trilobites 665 Céphalopodes 11 Ptéropodes Gastéropodes, Brachiopodes, Acéphalés, Polypiers : très nombreux Graptolites rares	*Pour le calcaire noirâtre* : Environs de Lochkov et de Kosořz. Budnian sous Karlstein. *Pour le calcaire blanchâtre* : Tachlovitz.
	e 1	Schistes à Graptolites, renfermant des sphéroides calcaires et alternant avec des coulées de Trapps.	15 Trilobites 149 Céphalopodes 5 Ptéropodes Gastéropodes, Brachiopodes, Acéphalés : peu fréquens Graptolites nombreux	*Type, sous le rapport du développement stratigraphique* : Kuchelbad. *Type, sous le rapport de la richesse paléontologique* : Butovitz.

Etages	Bandes	Elémens pétrographiques	Principaux caractères paléontologiques	Localités typiques
Division inférieure.			**II. Faune seconde.**	
D	d 5	Schistes argileux, fissiles, gris jaunâtres, ou bleuâtres, alternant sur divers horizons avec des lits de quartzites.	54 Trilobites 12 Céphalopodes Gastéropodes, Brachiopodes, Acéphalés : rares Graptolites très rares.	Koenigshof. Environs de Leiskov et de Chodaun. Gross-Kuchel.
		Enclaves coloniales, composées de schistes à Graptolites avec sphéroïdes calcaires et associées avec des coulées de trapps.	4 Trilobites 36 Céphalopodes Brachiopodes rares Graptolites nombreux	Col. Krejčí, Col. Haidinger : prés Gross-Kuchel Col. d'Archiac : prés Rzépora etc. —
	d 4	Schistes impurs, très micacés, de nuances foncées, alternant fréquemment avec des lits de quartzites impurs. Rares sphéroides calcaires.	26 Trilobites 6 Céphalopodes 18 Ptéropodes Gastéropodes, Brachiopodes, Acéphalés : rares Cystidées fréquentes	Zahořzan près Béraun. Praskoles Lieben et Vrschovitz près Prague.
		Enclave coloniale, composée d'une lentille calcaire.	8 Trilobites 9 Brachiopodes	Col. Zippe, dans l'enceinte des remparts de Prague.
	d 3	Schistes argileux, noirs, feuilletés et micacés.	18 Trilobites 1 Céphalopode 10 Ptéropodes	Collines dites *Vinice* et Trubin près Béraun.
	d 2	Couches de quartzites plus ou moins purs, alternant partiellement avec des couches minces de schistes.	19 Trilobites 1 Céphalopode 8 Ptéropodes autres fossiles très rares.	Mont Drabov et Vesela près Béraun, *riches en fossiles.* Mont Brda (Brdiwald) *sans fossiles.*

Etages	Bandes	Elémens pétrographiques	Principaux caractères paléontologiques	Localités typiques
D	d 1	Schistes argileux, noirs, fissiles, micacés, renfermant partiellement des nodules siliceux, fossilifères.	47 Trilobites 25 Céphalopodes 14 Ptéropodes Gastéropodes, Brachiopodes, Acéphalés rares Graptolites très rares.	Vosek, Auval avec nodules siliceux Sta. Benigna, *sans nodules siliceux.*
		I. Faune Primordiale.		
C		Schistes argileux, compactes, rarement métamorphiques.	27 Trilobites 5 Ptéropodes 2 Brachiopodes 1 Bryozoaire? 5 Echinodermes	Ginetz. Skrey.
B A		Roches diverses sémicristallines.	Ces sont les deux étages dits: Azoiques.	Environs de Pržibram sur le contour Sud-Ouest. Environs de Mies sur le contour Nord-Ouest.

Chap. 2. Configuration topographique de la zone coloniale.

Distribution horizontale des colonies et des coulées isolées de Trapp.

La zone coloniale, occupant une grande partie de la surface horizontale et de la hauteur verticale de la bande **d 5**, figure une zone elliptique et concentrique autour du bassin calcaire. Elle est généralement séparée de ce bassin par la formation dénuée de fossiles de nature animale, que nous avons signalée ci-dessus, comme couronnant la bande **d 5**.

Les colonies sont distribuées sur la surface de cette zone, de manière à figurer elles-mêmes des lignes concentriques, discontinues. Elles laissent entre elles des intervalles irréguliers et plus ou moins étendus.

Comme une partie de la surface du sol de cette zone est recouverte par le *diluvium*, ou par la terre végétale, nous ne pouvons mesurer exactement, ni la longueur de toutes les colonies, ni les distances qui les séparent. Mais, malgré cette circonstance, la disposition des lignes concentriques, formées par les enclaves coloniales, est très apparente.

Chacune des colonies, considérée isolément, présente, sur la surface du sol, la forme d'une lentille très alongée, dans laquelle la hauteur, ou l'épaisseur, ne constitue qu'une faible fraction de la longueur.

La plus grande épaisseur observée dans les enclaves coloniales dépasse 150 mètres et la plus grande longueur visible s'élève au moins à 1,500 mètres.

La moindre épaisseur connue est celle de la colonie Zippe, qui est d'environ de 25 centimètres. Mais, on peut considérer cette dimension comme exceptionnelle, parceque cette enclave consiste uniquement dans une lentille calcaire.

Comme exemple des dimensions moyennes, nous citerons la colonie Haidinger, qui offre une épaisseur d'environ 12,m50, et une longueur approximative de 600 mètres.

D'après l'état de nos connaissances actuelles, le nombre des enclaves coloniales s'élèverait à plus de 20, dans notre bassin. Nous allons revenir sur ce sujet, en indiquant la distribution des colonies.

Nous ne regardons pas ce nombre comme définitif, parceque plusieurs de ces enclaves, soustraites à nos observations par des dépôts superficiels, peuvent être découvertes par de nouvelles recherches. Ainsi, M. Helmhacker, ingénieur des mines au service de la société industrielle de Kladno, nous a récemment communiqué divers fragmens d'Orthocères, trouvés par lui dans des lentilles calcaires près de Vraž, aux environs de Béraun. Ces fragmens étant mal conservés, nous ne pouvons pas les déterminer en toute sécurité. Mais, il nous paraît vraisemblable, qu'ils appartiennent à des formes de la faune troisième. S'il en est ainsi, les sphéroides en question indiqueraient l'existence d'une nouvelle colonie, vers le sommet de la bande **d 4**. ou à la base de la bande **d 5**, non loin de l'horizon de la colonie d'Archiac, sur le contour Nord-Ouest.

Si l'on considère la distribution horizontale des colonies, sur une zone elliptique, très alongée, concentrique au bassin calcaire, il nous semble impossible de méconnaître l'origine naturelle et sédimentaire de cette zone, comme celle des autres zones semblables, qui constituent les bandes superposées de notre étage **D**. La disposition uniforme et régulière de ces diverses formations contraste avec les apparences, qui résultent des perturbations mécaniques du sol. Nous allons voir cette observation confirmée par l'étude des relations stratigraphiques entre les colonies et les formations, dans lesquelles elles sont intercalées.

Coulées isolées de trapps dans la zone coloniale.

La disposition horizontale, concentrique, que nous signalons pour les colonies, est complétée et confirmée par la présence d'une série de coulées trappéennes, distribuées sur la même zone, soit dans les intervalles qui séparent les enclaves coloniales, soit sur des horizons inférieurs ou supérieurs, entre les limites verticales de la bande **d 5**.

La carte ci-jointe des environs de Řzépora montre combien ces coulées sont fréquentes, puisque nous en comptons au moins 12, dans la bande **d 5** et dans la colonie d'Archiac, et 4 autres qui sont placées dans la bande **e 1**, base de l'étage **E**. Nous rappelons, que les environs de Ober-Czernoschitz, cités dans notre *Déf. des Col. II. p. 47—1862*, offrent une association semblable de nombreuses coulées, dans un espace horizontal aussi limité. Nous observons le même phénomène près de Karlik et ailleurs.

Il serait inutile d'énumérer, en ce moment, toutes ces coulées isolées, mais, nous pouvons approximativement évaluer à environ 50 le nombre de celles qui sont visibles, entre les limites de la zone coloniale. Il est probable, qu'il en existe encore d'autres, qui ont été dérobées à nos observations, par les dépôts qui couvrent la surface du sol.

Nous ferons remarquer, que les coulées isolées offrent une forme lenticulaire, alongée, comme celle des colonies. Cette apparence est bien en harmonie avec leur origine ignée. Leur direction est également concentrique aux contours extérieurs du bassin calcaire et à la direction générale de la stratification.

Il suit de ces observations que, lorsqu'il se trouve dans une localité, plusieurs colonies, ou plusieurs coulées isolées, toutes ces enclaves sont généralement parallèles entre elles. Cependant, il existe, sous ce rapport, quelques exceptions, dont on peut voir un exemple sur la carte des environs de Ržépora. Mais, il est aisé de se rendre compte de ces apparences irrégulières, dérivant des perturbations de la sédimentation locale, par l'effet des déversemens plutoniques et des mouvemens du sol, qui ont dû en résulter.

Distribution et nombre des colonies, sur la surface de la zone coloniale.

Le nombre des colonies, dont l'existence est aujourd'hui reconnue, sur la surface des bandes **d 4—d 5**, mais principalement de cette dernière, s'élève à plus de 20, ainsi que nous venons de le constater.

N'ayant pas, en ce moment, une carte pour indiquer exactement la position de chacune de ces enclaves, nous nous bornerons à rappeler les noms de celles qui ont été décrites ou mentionnées, soit dans la présente publication, soit dans les précédentes sur le même sujet. Nous les rangeons en deux catégories, suivant qu'elles sont placées sur le contour Nord-Ouest, ou sur le contour Sud-Ouest de notre bassin calcaire. Dans chacune de ces catégories, nous suivons l'ordre topographique, en commençant par l'extrémité Nord-Est, c. à d. par les environs de Prague, et en marchant vers le Sud-Ouest.

1ère Catégorie. **Colonies situées sur le contour Nord-Ouest.**

1. Colonie Zippe, dans l'enceinte des remparts de Prague.
2. Col. de Mottol } près de la chaussée conduisant de Prague
3. Col. de Béranka } à Béraun.
4. Col. Cotta, dans le petit vallon située entre les villages de Ginonitz et de Neuhof.
5. Col. de Vohrada, dans le village de ce nom.
6. Col. entre Vohrada et Ržépora.
7. Col. d'Archiac, contre le village de Ržépora.
8. Col. de Tachlovitz, sur la chaussée entre les deux parties isolées de ce village.
9. Col. du Mont Kossov, près de Koenigshof.

2me Catégorie. **Colonies situées sur le contour Sud-Est du bassin calcaire.**

1. Colonie Krejčí } sur la rive gauche de la Moldau près
2. Col. Haidinger } du village de Gross-Kuchel.
3. Col. de Branik } sur la rive droite de la
4. Col. de Hodkoviček } Moldau.
5. Col. de Vinice sous Modržan }
6. Col. de Lahovska près de Lochkov, sur la rive gauche de la Moldau
7. Col. de Solopisk sur la rive gauche de la Béraun.
8. *id.* *id.*
9. Col. de Karlik sur la rive gauche de la Béraun.
10. Col. entre Rovina et Litten, traversant de la Béraun.

En outre, diverses colonies, dans le voisinage de Bielecz et de Litten etc.

Bien que ces indications soient encore incomplètes, elles suffisent cependant pour montrer, que les colonies existent, en nombre relativement considérable, sur chacune des moitiés opposées de la zone coloniale.

Nous ferons remarquer, que celles qui sont situées sur le contour Nord-Ouest paraissent un peu moins nombreuses que celles qui sont placées sur le contour Sud-Est. Cette différence numérique n'existe peut être pas dans la nature. Nous pouvons l'attribuer, au moins en partie, à l'état actuel de la surface du terrain, qui a éprouvé moins de dénudations dans la moitié Nord-Ouest de la bande **d 5**, que dans sa moitié Sud-Est. Cette circonstance nous empêche de pouvoir examiner également les deux moitiés de cette zone et, par conséquent, nous ne sommes pas certain, d'avoir reconnu toutes les colonies, qui peuvent exister sur le contour Nord-Ouest du bassin calcaire.

Symétrie dans la position des colonies.

Nous avons déjà fait remarquer, dans notre *Déf. des Col. III. p. 95—1865*, la symétrie qui existe dans la position des colonies situées sur les bords opposés de notre division supérieure. Ce fait est largement confirmé par les indications qui précèdent et il doit aussi puissamment contribuer à faire reconnaître l'origine sédimentaire des colonies, semblable à celle des formations schisteuses, entre lesquelles elles sont enclavées, en stratification concordante.

Par suite de cette concordance stratigraphique, les colonies du Nord-Ouest et celles du Sud-Est sont inclinées les unes vers les autres, comme les deux moitiés de notre bassin. Il serait donc impossible de soupçonner l'anomalie qu'elles présentent, si on faisait abstraction de leur faune.

Chap. 3. **Comparaison des élémens pétrographiques des colonies avec ceux des bandes e 1—e 2 de la division supérieure et avec ceux des bandes d 4—d 5 de la division inférieure.**

Le tableau, qui précède, (p. 96) indique sommairement les élémens pétrographiques, qui constituent toutes les subdivisions verticales de notre terrain. Mais, nous croyons devoir ajouter à ces indications quelques détails relatifs à nos colonies et à celles de nos bandes, qui sont en connexion particulière avec elles, savoir: les deux bandes **e 2**—**e 1** à la base de la division supérieure et les bandes **d 5**—**d 4**, placées vers le sommet de notre division inférieure. Nous suivrons l'ordre descendant.

I. Bande **e 2**.

Dans notre étage **E**, la bande supérieure **e 2** est presque exclusivement composée de calcaires, souvent fétides, en bancs continus, subréguliers et parfois épais. Ces bancs, de nuance presque noire, parsemés de débris d'encrines, sont séparés par des couches minces de schistes impurs, présentant de rares Graptolites. En quelques localités, comme à Tachlovitz, les calcaires de cette bande deviennent cristallins et blanchâtres, par l'abondance des fragmens d'Encrines.

L'apparence de ces roches contraste avec celle de la bande **e 1** et des enclaves coloniales, principalement composées de schistes à Graptolites, renfermant des sphéroides de calcaire noir. Malgré ce contraste, nous constaterons tout à l'heure, que la bande **e 2** présente les connexions spécifiques les plus nombreuses avec la faune des colonies.

Il est important de remarquer, que la bande **e 2** ne renferme aucune coulée de Trapps, ce qui établit un nouveau contraste avec les enclaves coloniales, comme avec la bande **e 1**.

II. Bande **e 1**.

Cette subdivision inférieure de l'étage **E** constitue la base intégrante de notre division supérieure. Elle se compose de schistes à Graptolites, qui renferment des sphéroides calcaires, connus sous le nom de *Anthracolites*. Ces schistes alternent jusqu'à 4 ou 5 fois avec des coulées de Trapps, plus ou moins épaisses. D'après cette composition pétrographique, la puissance de la bande **d 1** est très variable selon les localités

Elle dépasse même 600 mètres, par exemple, au droit de Solopisk. Dans tous les cas, cette puissance est de beaucoup supérieure à celle de la bande **e 2** superposée.

Les schistes à Graptolites, ordinairement très fissiles et faiblement micacés, offrent des apparences très variables, surtout par leur couleur. Leur nuance la plus ordinaire est noire ou bleuâtre; mais, ils se montrent quelque fois gris et même presque blancs. Nous en connaissons aussi, qui sont rouges et qui conservent cependant les empreintes des Graptolites. Ces empreintes persistent aussi, le plus souvent, dans les couches schisteuses, qui ont été durcies par le métamorphisme et qui ont pris une apparence rubannée, et siliceuse. Nous avons indiqué ci-dessus (p. 46) quelques unes des localités, où on peut observer les diverses apparences des schistes graptolitiques.

Les sphéroides calcaires, renfermés dans ces schistes, sont ordinairement un peu aplatis et ils offrent souvent la forme d'un ellipsoide alongé. Dans tous les cas, leur grand axe est parallèle au plan de stratification. Les fossiles qu'ils renferment tels que, *Orthoceras*, *Cyrtoceras* etc. sont aussi étendus parallèlement aux couches schisteuses, c. à d. dans la position naturelle de l'équilibre statique. Ainsi, ces sphéroides ne peuvent être que des concrétions, qui se sont formées par les réactions chimiques, dans les sédimens, autour des fossiles, ou de noyaux quelconques, depuis le dépôt des schistes. On remarque habituellement, que les sphéroides deviennent plus nombreux et plus rapprochés, de manière à former des lignes presque continues, à mesure qu'on s'élève vers la bande **e 2**. On voit alors apparaître quelques couches de calcaire, qui forment une sorte de transition entre les deux bandes, que nous distinguons dans notre étage **E**.

Malgré cette transition pétrographique, plus ou moins marquée, les bandes **e 1**, **e 2** n'en sont pas moins distinctes l'une de l'autre. Elles sont même contrastantes, si l'on remarque l'absence constante des Trapps, dans la bande **e 2**.

De même, sous les rapports paléontologiques, malgré de nombreuses connexions spécifiques, ces deux bandes se distinguent par leurs faunes particulières, d'une richesse très inégale. Ainsi, le tableau qui précède montre, que la bande **e 1** possède seulement 15 espèces de Trilobites, tandisque nous en connaissons 81 dans la bande **e 2**. De même, la bande **e 1** n'a fourni que 149 formes de Céphalopodes, tandisque la bande **e 2** en présente 665. Nous pourrions indiquer des différences semblables, pour les nombres des Gastéropodes, Acéphalés et Brachiopodes. Nous devons aussi signaler l'absence presque complète des Polypiers dans la bande **e 1**, tandisqu'ils offrent leur plus grand développement sur quelques horizons de la bande **e 2**, mais seulement dans certaines localités.

Quant aux connexions que nous venons d'indiquer entre les faunes de ces deux bandes, on pourra les juger par le seul exemple des Céphalopodes, qui fournissent 68 espèces communes à ces deux subdivisions. On voit, que ce chiffre représente presque la moitié des 149 espèces connues dans la bande **e 1**.

La considération de ces connexions spécifiques, si multipliées, nous a déterminé à maintenir ces deux bandes dans un même étage stratigraphique, **E**, qui contraste à la fois par sa nature pétrographique et par sa faune avec l'étage **F**, immédiatement superposé.

Les Trapps de la bande **e 1** se font remarquer, dans quelques localités, parcequ'ils renferment des fossiles et notamment des fragmens de Céphalopodes. Nous citerons certaines coulées qui se trouvent à Butovitz, à Branik et dans les rochers de Kozel. Ces fossiles sont, tantôt isolés dans la roche trappéenne et tantôt renfermés dans des sphéroides calcaires, entièrement semblables à ceux, qui sont intercalés dans les schistes à Graptolites. Aux environs de Lochkov et ailleurs, nous connaissons aussi des lambeaux de ces schistes, enclavés avec leurs sphéroides dans les Trapps, sans que la structure naturelle de ces roches ait subi aucune modification sensible.

Dans tous les cas, les fossiles se montrent sans altération et quelques uns conservent même, sur leur surface, les ornemens les plus délicats. Cette circonstance nous indique, que les coulées de Trapps, qui ont entraîné ces fossiles isolés, ou les sphéroides qui les renferment, ne possédaient pas une haute température.

Il faut aussi remarquer que, dans les Trapps, les sphéroides et les Céphalopodes sont placés d'une manière très variable et souvent contraire à leur position statique, que nous venons de signaler dans les schistes à Graptolites. Ils ne se trouvent donc plus dans leur position naturelle et primitive. Cette observation suffirait pour démontrer l'origine plutonique des Trapps.

III. Elémens pétrographiques des Colonies.

La description des roches, qui constituent notre bande e **1**, peut s'appliquer littéralement aux colonies. Il serait donc inutile de la répéter. Mais, nous devons présenter cependant les observations qui suivent:

1. La puissance des enclaves coloniales est toujours beaucoup moindre que celle de la bande **e 1**, parceque ces enclaves offrent généralement moins d'alternances de schistes à Graptolites avec les Trapps.

2. Diverses colonies se composent uniquement d'une masse de schistes à Graptolites, sans aucune coulée de Trapps.

3. Dans plusieurs colonies, comme la colonie Haidinger, déjà décrite en 1860, *(Bull. Soc. Géol. de France XVII. p. 618)* et la colonie Cotta, mentionnée ci-dessus, (p. 52) nous retrouvons des couches de schistes gris et de quartzites, semblables à celles de la bande **d 5** et régulièrement interjacentes entre les couches coloniales.

4. Les sphéroides calcaires sont généralement plus rares dans les colonies que dans la bande **e 1**. Ils paraissent même manquer totalement dans certaines enclaves coloniales et surtout dans celles qui occupent les horizons les plus profonds. Nous avons déjà constaté cette absence dans la colonie Haidinger, en 1860.

IV. Bande **d 5**.

La bande **d 5**, qui couronne notre étage des quartzites **D**, offre, à sa partie supérieure, lorsque elle n'a pas été dénudée, une formation d'environ 100 mètres d'épaisseur, composée de schistes gris et de quartzites, alternant par couches minces. Cette formation est remarquable, parcequ'elle est entièrement dénuée de fossiles de nature animale. Elle ne présente que quelques fucoides. Ainsi, ce dépôt puissant correspond à une intermittence totale et prolongée des faunes siluriennes, dans le bassin de la Bohème.

La puissance de cette formation pourrait servir de mesure approximative, pour apprécier le temps qui s'est écoulé, entre la dernière apparition coloniale et l'apparition définitive de la faune troisième, dans notre bande **e 1**. Mais, dans certaines localités, que nous décrirons plus tard, cette masse sans fossiles paraît avoir subi des dénudations partielles, avant le dépôt de la bande **e 1**, ce qui donne lieu à des apparences stratigraphiques dignes d'attention.

Au-dessous de cette formation, la bande **d 5** se compose de masses de schistes argileux, de diverses nuances, principalement gris-jaunâtres, ou bleuâtres et quelquefois presque noirs. Tantôt ces schistes sont seuls; tantôt, ils renferment des couches de quartzites subordonnées et plus ou moins rapprochées. Mais, dans tous les cas, ces formations successives, variables dans leur aspect et dans leur composition minéralogique, suivant les localités, semblent former des dépôts de forme lenticulaire, d'un grand diamètre.

Les colonies, à l'exception d'une seule, sont toutes intercalées entre les couches des formations schisteuses de **d 5**, que nous venons d'indiquer.

En harmonie avec les coulées de trapps, existant dans la plupart des enclaves coloniales, nous devons faire remarquer, que des coulées semblables et en grand nombre, sont intercalées isolément sur divers horizons, dans la hauteur de la bande **d 5**. Nous avons déjà signalé leur existence dans le chapitre précédent (p. 101). Comme elles ne sont accompagnées par aucun dépôt de schistes à Graptolites, elles diffèrent essentiellement des colonies. Mais, leur présence fréquente dans la bande **d 5**, sur des niveaux variés, et en relation avec les horizons occupés par les colonies, indiquent les mêmes phénomènes plutoniques.

D'après la composition pétrographique, que nous venons d'indiquer, on voit, que les sources quelconques, qui ont introduit les dépôts sédimentaires, constituant les colonies et la bande **d 5**, étaient également intermittentes.

Il résulte aussi de ces documens, que la seule différence essentielle, qui caractérise exclusivement les enclaves coloniales, dans la bande **d 5**, consiste dans la présence des schistes à Graptolites, parmi leurs élémens pétrographiques. Les autres élémens, savoir: les schistes argileux, les quartzites et les trapps se retrouvent également dans ces enclaves, comme dans la bande qui les renferme.

V. Bande **d 4**.

La bande **d 4** est principalement composée de schistes impurs, habituellement très micacés et offrant des nuances foncées, tantôt brunes, tantôt grises et presque noires. Ces schistes, quoique fissiles, sont beaucoup moins homogènes et aussi moins feuilletés que ceux qui constituent la bande superposée **d 5**.

Dans certaines localités, les schistes de **d 4** se montrent seuls, mais, le plus souvent, ils alternent avec des couches de quartzites, suivant des proportions très variables. On voit même quelquefois les quartzites prédominans sur les schistes.

Quelques coulées de Trapps sont intercalées entre les couches de la bande **d 4**, et elles offrent les mêmes apparences pétrographiques que celles, dont nous avons signalé l'existence, soit dans la bande **d 5**, soit dans les colonies. Mais, nous devons faire remarquer, que ces apparitions de Trapps sont beaucoup moins fréquentes dans la bande **d 4** que dans la bande superposée.

Nous avons déjà eu l'occasion de constater, qu'il existe une seule colonie, à notre connaissance, dans la hauteur de la bande **d 4**. C'est la colonie Zippe, située dans l'enceinte de Prague, près des remparts, dans la partie qui se nomme Bruska.

Nous rappèlerons, que cette colonie se distingue de toutes les autres, parcequ'elle se compose uniquement d'une lentille calcaire, d'environ 25 centimètres d'épaisseur, intercalée entre des milliers de couches minces de schistes et de quartzites, alternant avec une parfaite régularité. Cette lentille est aujourd'hui cachée sous la chaussée. Nous avons exposé en 1860, dans notre communication à la Société Géologique de France les principales circonstances historiques relatives à la découverte de cette colonie. *(Bull. Sér. 2. t. XVII. p. 612—1860).*

Chap. 4. **Relations stratigraphiques entre les enclaves coloniales et les formations dans lesquelles elles sont intercalées.**

Nous venons de rappeler que, dans notre terrain, toutes les formations fossilifères, qui constituent la division supérieure, comme la division inférieure, sont généralement inclinées d'une manière symétrique vers l'axe longitudinal du bassin. Il s'en suit que, dans chacune des moitiés de la surface, séparées par cet axe, les inclinaisons sont opposées et synclinales. Cette disposition générale ne présente que de rares exceptions locales.

Par suite de cette régularité et symétrie stratigraphique, les colonies placées sur chacune des moitiés de la zone coloniale présentent également, les unes par rapport aux autres, une inclinaison synclinale, ou opposée.

Nous avons déjà constaté, que la direction des colonies était identique avec celle des couches, entre lesquelles elles sont intercalées et nous faisons remarquer maintenant, qu'elles offrent également la même inclinaison, que les couches ambiantes. Il serait même impossible de reconnaître entre les enclaves coloniales et les couches de la bande **d 5**, des différences locales plus sensibles que celles qui existent entre les couches elles mêmes de cette bande, soit par l'effet de quelque variation dans le niveau du sol durant leur dépôt, soit par les différences de compression, soit par suite d'un affaissement inégal, survenu durant leur redressement.

Cependant il faut remarquer, que les enclaves coloniales étant des lentilles plus ou moins convexes et plus ou moins alongées, leurs surfaces supérieure et inférieure ne sont point parallèles entre elles, comme les surfaces des couches régulières, déposées sur un fond horizontal. Nous rappelons aussi, que plusieurs de ces enclaves sont exposées suivant leur tranche ou section longitudinale, sur les escarpemens produits par la dénudation des bords de la bande **d 5**. Par suite de ces circonstances, si une lentille coloniale présente une grande longueur et une épaisseur relativement peu considérable, les dépôts, qui la composent, paraîtront sensiblement parallèles aux couches ambiantes de **d 5**. Au contraire, si une lentille coloniale est courte et plus épaisse, ses surfaces supérieure et inférieure ne paraîtront pas parallèles entre elles. Elles peuvent même permettre de reconnaître, qu'elles doivent se couper réciproquement, soit à l'extérieur, soit à l'intérieur de la formation ambiante, suivant l'étendue de la dénudation éprouvée.

Dans le but d'élucider cette étude, nous citerons un exemple remarquable des relations stratigraphiques qui s'établissent entre une lentille et les couches d'une formation schisteuse, qui la renferme.

La lentille, à laquelle nous faisons allusion, est uniquement composé de quartzites, régulièrement stratifiés et très distincts par leur nuance presque blanche. Elle n'est donc pas une colonie. Elle représente, au contraire, l'une des formations normales de notre bande **d 5**. Sa tranche, ou section, est nettement exposée sur le talus presque vertical du chemin de fer, au point le plus voisin du village de Gross-Kuchel. L'épaisseur *maximum* de cette section est d'environ 3 à 4 mètres et sa longueur visible dans le plan des couches, est à peu près de 12 mètres. On peut donc aisément observer toutes les circonstances relatives à cette enclave.

Elle est intercalée dans des schistes feuilletés, de couleur presque noire, et dont on reconnaît la stratification dans tous ses détails. On voit donc distinctement la base de la lentille, reposant sur les couches schisteuses, parallèles entre elles. Au contraire, les couches qui recouvrent la lentille. offrent une stratification plus ou moins tourmentée, sur une hauteur d'environ 2 à 3 mètres. Au-dessus de cette limite, elles reprennent leurs allures régulières et leur parallélisme par rapport aux couches placées au-dessous de la lentille.

Il est aisé de concevoir, que les sédimens déposés sur le talus de la lentille, que nous décrivons, ont été contrariés par des remous, ou qu'ils ont été déformés et troublés par des glissemens ou affaissemens inégaux, sur la surface inclinée des quartzites, qui leur sert de base. Mais, ces légères perturbations dans la régularité des couches schisteuses, immédiatement superposées à la lentille, n'empêchent pas de reconnaître la concordance parfaite, qui existe dans la stratification de cette formation, considérée dans son ensemble. Aucun géologue ne saurait avoir l'idée, que la lentille de quartzites, qui nous occupe, a été intercalée par une perturbation mécanique entre les schistes qui la renferment.

Au contraire, tous les stratigraphes exercés, qui ont consacré avec nous quelques momens à examiner cette section. ont aussi reconnu, comme nous, qu'elle fournit un précieux enseignement, pour expliquer les apparences de stratification tourmentée, qui peuvent se manifester au contact de quelques lentilles coloniales, sans que la régularité générale de la formation ambiante ait subi aucun trouble.

De fréquens accidens de cette nature, dans la régularité des couches schisteuses, se voient aux environs du même village de Gross-Kuchel, dans les formations très puissantes, qui renferment les colonies Krejčí et Haidinger. Mais, nous ferons remarquer en même temps, que les yeux d'un géologue expérimenté ne pourraient méconnaître la concordance remarquable. qui existe dans la stratification de ces grandes masses de schistes et de quartzites, alternant à plusieurs reprises, sur une hauteur de plus de 1,000 mètres.

Chap. 5. **Relations entre la faune coloniale et les faunes normales, seconde et troisième de la Bohême.**

Les connexions spécifiques entre la faune coloniale et la faune seconde ne peuvent être considérées que comme purement accidentelles, tandisque la faune coloniale, dans son ensemble, est liée par une intime consanguinité avec les premières phases de la faune troisième. Ce contraste devient très apparent, d'après les documens qui suivent:

I. Connexions spécifiques entre les colonies et la faune seconde.

Nous ne connaissons jusqu'ici que deux colonies, qui renferment un mélange des formes caractéristiques de la faune seconde avec celles de la faune coloniale c. à d. de la faune troisième. Ce sont les colonies Zippe et d'Archiac, également situées sur le contour Nord-Ouest du bassin calcaire.

Dans une communication à la Société Géologique de France, (4 juin 1860) nous avons présenté le tableau des espèces de la colonie Zippe et nous le reproduisons, en indiquant la faune à laquelle chacune d'elles appartient: *(Bull. Sér. 2. T. XVII. p. 611.)*

Espèces de la colonie Zippe.

Faune seconde	Faune troisième
1. Asaphus nobilis . Barr.	1. Cheirurus insignis Barr.
2. Calymene incerta . Barr.	2. Arethusina Konincki . . . . . Barr.
3. Dalmanites socialis Barr.	3. Sphaerexochus mirus . . . . . Beyr.
4. Trinucleus Goldfussi Barr.	4. Phacops Glockeri Barr.
	5. Leptaena euglypha Dalm.
	6. Lept. Haueri . . Barr.
	7. Spirifer togatus . Barr.
	8. Orthis mulus . . Barr.
	9. Atrypa reticularis Linn.
	10. Atr. obovata . . Sow.
	11. Rhynchonella monaca . . . . . Barr.
	12. Rhyn. Daphne . Barr.
	13. Rhyn. sp. . . . Barr.

Ce tableau montre que, sur 17 espèces, connues dans cette colonie, 4 seulement appartiennent à la faune seconde. Il y en a 12, qui représentent la faune troisième. Les 4 espèces de la faune seconde sont uniquement des Trilobites, tandisque la faune troisième est représentée par 4 espèces de la même tribu et par 8 Brachiopodes. Nous faisons abstraction de la dernière forme, indiquée sur le tableau, parcequ'elle est incomplète et incertaine.

Au contraire, dans la colonie d'Archiac, nous avons constaté ci-dessus (p. 38), que deux espèces seulement de la faune troisième: *Cardiola interrupta* et *Graptol. priodon?* se trouvent dans les couches qui recouvrent la colonie, avec les formes caractéristiques de la faune seconde. Ce fait est moins saillant que dans la colonie Zippe, composée d'une lentille calcaire, d'environ 25 centimètres d'épaisseur.

D'après ces documens, il est clair, que la faune coloniale ne présente que de très faibles connexions avec les phases

8*

coexistantes de la faune seconde. Au contraire, les indications qui suivent montrent, que la grande majorité des espèces coloniales reparaît dans notre faune troisième.

II. Connexions spécifiques entre les colonies et la faune troisième.

Nous allons parcourir successivement les divers ordres de fossiles, qui existent dans notre bassin, pour constater les connexions spécifiques entre la faune coloniale et les premières phases de la faune troisième.

1. Poissons.

Aucun vestige de l'existence de cette classe n'a été découvert jusqu'à ce jour, ni dans nos colonies, ni dans notre division inférieure. Nous rappelons, à cette occasion, que les seuls fossiles, qui représentent d'une manière indubitable l'apparition sporadique des poissons dans notre bassin, ont été trouvés dans nos étages **F—G**, c. à d. dans des phases de la faune troisième, qui n'ont à peu près aucune connexion avec la faune coloniale. *(Déf. des Col. III. p. 22—1865.)*

2. Crustacés.

Ce sont principalement les Trilobites, qui représentent cette classe dans la faune coloniale. Cependant, nous devons faire remarquer, que le nombre, soit de leurs espèces, soit des individus, est relativement très restreint. En effet, le tableau que nous présentons dans le chapitre 8 qui va suivre, montre, que les Trilobites des colonies, abstraction faite des 4 espèces de la faune seconde citées ci-dessus (p. 115) se réduisent à 8 formes de la faune troisième, appartenant 7 genres différens. Nous venons de constater, que 4 de ces espèces ont été fournies par la seule colonie Zippe, qui paraît la plus ancienne, d'après sa position dans la bande **d 4**. Par conséquent, toutes les autres colonies réunies n'ont offert jusqu'ici que 4 espèces nouvelles. Nous ne comprenons pas dans cette énumération un fragment indéterminable du genre *Acidaspis.*

Ce nombre exigu de 4 Trilobites, apparaissant dans l'ensemble des colonies de la bande **d 5**, mérite être remarqué, parcequ'il est en harmonie avec le nombre restreint des Trilobites dans la première phase de la faune troisième, c. à d. dans la bande **e 1**, qui ne renferme que 15 espèces. Au contraire, la bande **d 5**, dans laquelle sont enclavées presque toutes nos colonies, nous a déjà fourni 54 espèces de cette tribu. Comme la bande **d 4** possède 26 espèces, presque toutes différentes de celles de la bande **d 5**, on voit qu'environ 80 formes de Trilobites se sont manifestées dans notre bassin, pendant les deux dernières phases de la faune seconde, dont la durée embrasse l'existence de toutes nos colonies. Voir notre tableau sommaire, ci-dessus (p. 98).

Ce contraste entre 80 Trilobites des bandes **d 4—d 5** et les 8 Trilobites propres aux colonies enclavées dans ces bandes, montre suffisamment, combien les Crustacés de la faune coloniale concordent dans leurs proportions numériques avec ceux de la première phase de la faune troisième, tandisqu'ils sont en opposition avec ceux des phases coexistantes de la faune seconde. Nos observations au sujet des Céphalopodes vont immédiatement confirmer ces résultats.

Nous devons encore mentionner quatre Crustacés, non trilobitiques, qui se présentent sous des apparences identiques, dans la faune coloniale et dans la faune troisième, savoir:

Pterygotus	Bohemicus	Barr.
Ceratiocaris	inaequalis	Barr.
Entomis	migrans	Barr.
Aptychopsis	primus	Barr.

Ces formes sont rares, il est vrai, dans nos colonies, mais nous constatons aussi, que leur fréquence est très peu considérable dans les premières phases de notre faune troisième. Ces circonstances sont donc en harmonie, comme pour les Trilobites.

Nous devons faire remarquer, que, parmi les quatre genres que nous venons de nommer, *Ceratiocaris* se manifeste aussi dans la bande **d 5**, par quelques formes, dont nous avons recueilli des fragmens, dans les schistes de Koenigshof et des environs de Leiskov. Mais, ces formes nous paraissent différentes de celle que nous avons trouvée dans la colonie d'Archiac.

Elles sont toutes figurées sur les planches du *Supplément* à notre Vol. I. que nous nous disposons à publier prochainement.

Nous appelons particulièrement l'attention sur la forme que nous nommons: *Aptychopsis primus*, parcequ'elle se reproduit principalement dans la bande **e 1**. On la trouve aussi, mais plus rarement, dans la bande **e 2**.

Cette forme, spécifiquement indépendante, est peut être génériquement identique avec celle que J. W. Salter a nommée *Peltocaris aptychoides. (Quart. Jour. XIX. p. 87. 1863).* Nous ne pouvons pas nous occuper ici de cette question d'identité. Nous voulons seulement faire remarquer que, *Peltocaris* apparaît sur l'horizon de Llandeilo, en Ecosse, tandisque la première apparition de *Aptychopsis* a lieu dans les colonies de la bande **d 5**, à Branik et Béranka.

Ainsi, abstraction faite de l'identité des genres *Peltocaris* Salt. et *Aptychopsis* Barr. qui, dans tous les cas sont *représentatifs* l'un de l'autre, ces singulières formes ont apparu en Ecosse, c. à d. dans la grande zone septentrionale, sur les horizons les plus profonds de la faune seconde, tandisqu'en Bohême, c. à d. sur la grande zone centrale, elles ne se manifestent que pendant la dernière phase de la faune correspondante.

Ce nouvel exemple d'antériorité, en faveur des contrées siluriennes du Nord de l'Europe, s'ajoute à un grand nombre d'autres exemples semblables, que nous avons signalés en diverses occasions, notamment dans notre *Distribution des Céphalopodes siluriens. 1870.* Nous allons aussi rappeler divers autres faits de la même nature, en comparant les espèces siluriennes d'Angleterre et de Bohême, dans le Chap. 6, qui va suivre.

3. Céphalopodes.

Cet ordre est représenté dans la faune coloniale par 36 espèces, dont 2 appartiennent au genre *Cyrtoceras* et 34 au genre *Orthoceras*. Elles sont toutes énumérées sur notre tableau dans le Chap. 7 qui va suivre.

Le nombre 36, comparé à celui des Crustacés des colonies, montre d'abord, que l'ordre des Céphalopodes était prédominant dans la faune coloniale, comme dans les premières phases de la faune troisième.

Au contraire, si nous comparons avec ce chiffre 36, celui des 12 Orthocères connus dans la bande **d 5**, et celui de 6 autres formes du même genre, qui existent dans la bande **d 4**, nous retrouvons entre la faune coloniale et les phases coexistantes de la faune seconde, un contraste semblable à celui que nous venons de signaler entre les Trilobites des mêmes faunes. Mais, cette fois, l'avantage, sous le rapport du nombre des espèces, est en faveur des colonies. En effet, tandisque 12 espèces seulement, ont apparu dans la bande très puissante **d 5**, 36 espèces nouvelles se sont manifestées dans la hauteur relativement peu considérable des enclaves coloniales, renfermées dans cette bande.

Nous devons aussi faire remarquer, que le nombre exigu des 2 espèces de *Cyrtoceras*, trouvées dans les colonies, contraste avec l'absence totale de ce type dans la faune seconde de la Bohême et dans celle de toutes les autres contrées de la grande zone centrale d'Europe. Ces 2 formes peuvent donc être considérées comme un commencement de ce genre, que nous voyons se développer rapidement par les 26 formes de notre bande **e 1**, jusqu' au *maximum* de 201 formes, dans notre bande **e 2**. *(Distrib. des Céphal. p. 123. 8.° 1870).*

Parmi les 36 Céphalopodes des colonies, nous ne pouvons reconnaître aucune forme identique avec celles de la faune seconde. Au contraire, parmi ces 36 espèces, il y en a 31, qui reparaissent dans la faune troisième, sur divers horizons, que nous allons signaler tout à l'heure. Il ne reste donc que 5 espèces, qui semblent exclusivement propres à la faune coloniale. On pourrait les considérer comme représentant le progrès de l'extinction graduelle, entre l'époque des colonies et l'apparition de la première phase de la faune troisième dans notre bassin.

4. Ptéropodes.

Cet ordre n'est représenté que par 2 espèces du genre *Hyolithes*, dans notre faune coloniale. L'une, *Hyol. simplex* Barr. se trouve dans la colonie Krejčí et l'autre, *Hyol. aduncus* Barr. dans la colonie d'Archiac. Ces 2 espèces reparaissent dans les premières phases de la faune troisième. Bien que dans la bande **d 5**, il existe diverses formes du même genre, aucune d'elles n'est identique avec celles que nous venons de nommer. Ainsi, malgré leur rareté relative, les Ptéropodes des colonies contribuent à établir des connexions avec la faune troisième et un contraste avec la faune seconde.

5. Gastéropodes.

La colonie d'Archiac est presque la seule, qui nous ait fourni des représentans de cet ordre. Ils sont énumérés ci-dessus (p. 24) et ils consistent dans 9 formes qui appartiennent à 7 types distincts. Les exemplaires de toutes ces formes sont très rares. Nous ajouterons: *Tubina patula?* Hall. *sp.* qui se trouve dans la colonie de Béranka.

Ainsi, en faisant abstraction de quelques autres formes rares et indéterminées, qui se trouvent dans d'autres colonies à décrire, nous connaissons seulement 8 genres et 10 formes spécifiques de cet ordre, dans la faune coloniale.

Parmi ces Gastéropodes, ceux qui offrent quelque ressemblance avec des formes de la faune seconde, sont celles que nous rapportons au type *Pleurotomaria*. Mais, cette analogie ne peut pas être considérée comme indiquant une identité.

Au contraire, nous retrouvons toutes ces formes dans la faune troisième. Par conséquent, cet ordre contribue comme les précédents, à établir des connexions prédominantes entre cette faune et les colonies.

Nous ferons remarquer, que le nombre restreint des Gastéropodes, dans la faune coloniale, est bien en harmonie avec leur rareté relative, dans la bande **e 1**. Cet ordre a offert son plus grand développement c. à d. le nombre *maximum* des genres et des espèces, dans notre bande **e 2**; mais, il se propage dans la bande **f 2**, par une autre série presque aussi considérable de nouvelles formes, très différentes des premières.

6. Brachiopodes.

Nous reproduisons, sur le tableau suivant, les noms de tous les genres et de toutes les espèces, dont nous avons sûrement reconnu l'existence dans nos colonies.

Genres et Espèces	Colonies de la	
	Bande d 4	Bande d 5
1. Leptaena euglypha . Dalm.	Zippe	
2. L. Haueri . Barr.	Zippe	
3. L. patricia . Barr.	. . . .	Krejčí
4. L. bracteola Barr.	. . . .	d'Archiac
5. L. comitans . Barr.	. . . .	d'Archiac
6. Spirifer togatus . Barr.	Zippe	
7. Orthis mulus . . Barr.	Zippe	d'Archiac
8. Atrypa reticularis Linn. sp.	Zippe	Krejčí
9. A. linguata . Buch.	. . . .	Béranka
10. A. obovata . Sow.	Zippe	d'Archiac
11. A. obolina . Barr.	. . . .	Krejčí
12. A. Sappho . Barr.	. . . .	d'Archiac
13. Rhynchonella monaca Barr.	Zippe	
14. Rh. Daphne Barr.	Zippe	
15. Lingula regulata . Barr.	. . . .	d'Archiac

D'après ce tableau, le nombre des formes de l'ordre de Brachiopodes, que nous connaissons dans les colonies, ne dépasse pas 15 espèces, en faisant abstraction de celles qui ne peuvent pas être exactement déterminées. On voit que toutes les formes énumérées proviennent seulement de trois colonies: Zippe, Krejčí, d'Archiac. Comme les 8 espèces de la colonie Zippe ont été trouvées dans un seul fragment de calcaire, dont la grosseur ne dépassait pas le volume du poing, il est vraisemblable, que cette enclave renferme d'autres espèces, qui nous sont inconnues.

Malgré l'exiguité relative du nombre de leurs formes, les Brachiopodes coloniaux méritent notre attention, à cause de diverses circonstances particulières.

D'abord, les représentans de cet ordre sont rares dans la faune seconde, qui n'a fourni principalement que des formes du genre *Orthis*. Or, ce sont précisement les espèces de ce genre qui sont les plus rares dans les colonies. Il en résulte un premier contraste, entre la faune coloniale et la faune seconde contemporaine.

En second lieu, nous voyons 5 genres et 8 espèces de Brachiopodes apparaître subitement dans la colonie Zippe, c à. d. dans une lentille calcaire enclavée dans la bande **d 4**, qui ne renferme elle-même presque que des *Orthis*.

Parmi ces Brachiopodes de la colonie Zippe, se trouve le genre *Spirifer*, qui n'est point représenté dans la faune seconde de la Bohême et qui est également très rare dans la faune correspondante des autres contrées siluriennes. Ainsi, *Spir. togatus*, existant dans cette colonie, est un avantcoureur très précoce de cette espèce, qui s'est montrée plus tard très fréquente dans les premières phases de notre faune troisième et qui s'est maintenue jusque durant le dépôt de notre bande **f 2**, renfermant les individus de la plus grande taille.

La même observation s'applique à *Atrypa reticularis*, également inconnue dans notre division inférieure, tandisqu'elle caractérise notre division supérieure, à partir de sa base, dans la plus grande partie de sa hauteur. On sait, que cette espèce est rare dans la faune seconde des bassins siluriens, même sur la grande zone septentrionale.

Ainsi, la présence indubitable de ces deux Brachiopodes, dans la colonie Zippe, établit un contraste remarquable entre la faune coloniale et les phases coexistantes de la faune seconde. Par opposition, une connexion très notable avec la faune troisième dérive de l'apparition anticipée de ces deux espèces dans les colonies.

Enfin, dans le nombre total des 15 Brachiopodes connus dans les colonies, une seule espèce leur est exclusivement propre savoir, *Ling. regulata,* et encore, nous n'indiquons cette indépendance qu'avec doute.

Ainsi, 14 espèces établissent des connexions avec la faune troisième. Ce chiffre contraste avec l'absence totale d'espèces identiques dans la faune seconde.

Nous saisissons cette occasion pour faire remarquer, que la coexistence des plus anciens Trilobites et des plus anciens Brachiopodes de notre faune troisième, dans la colonie Zippe, c. à d. dans la plus ancienne de nos colonies, semblerait indiquer, que ces formes sont celles qui se prêtent le plus facilement aux migrations.

Nous rappelons aussi que, dans les plus anciennes associations de types, connues dans la faune primordiale silurienne, ce sont aussi les Trilobites et les Brachiopodes, qui prédominent, à l'exclusion des Céphalopodes. Nous n'avons en ce moment aucune conséquence à déduire de la similitude de ces faits. Mais, ces conséquences pourraient se manifester à l'avenir.

7. Acéphalés.

Les formes les plus remarquables de cet ordre, dans nos colonies, appartiennent au genre *Cardiola.* Celles qui méritent le plus d'attention, sont:

Card. fibrosa	Sow.	Card. gibbosa	Barr.
C. interrupta	Sow.	C. migrans	Barr.

Elles reparaissent dans notre faune troisième, sur divers horizons dans les bandes **e 1**—**e 2**, sans s'élever au-dessus.

Card. interrupta présente un nombre très remarquable d'individus, dans les couches de notre bande **e 2**, tandisqu'elle est relativement rare dans notre bande **e 1**. Au contraire, les trois autres espèces se montrent presque uniquement dans la bande **e 1**, et nous ne pourrions pas, en ce moment, affirmer leur présence dans la bande **e 2**.

Par contraste, nous pouvons constater, de la manière la plus certaine, qu'aucune de ces 4 espèces n'a été observée dans les formations renfermant notre faune seconde. Ainsi, les Acéphalés sont en harmonie avec les autres ordres des Mollusques.

Nous connaissons aussi dans nos colonies au moins 4 autres formes de Cardiacés, qui paraissent appartenir à des espèces de notre faune troisième. Nos études relatives à ces formes étant encore incomplètes, nous devons nous abstenir de toute autre détail à ce sujet, mais, nous pouvons compter au moins 8 formes de cet ordre, comme avantcoureurs de la faune troisième dans les colonies.

8. Graptolites.

Les fossiles de cette famille sont les plus fréquens dans nos colonies et ils établissent aussi de nombreuses connexions entre elles et la première phase de la faune troisième, tandisqu'ils ne présentent que de rares affinités avec les phases contemporaines de la faune seconde.

Nous ne pouvons pas offrir en ce moment la liste complète de toutes les espèces coloniales, mais, nous énumérons dans le tableau suivant les formes qui se trouvent dans les 3 principales colonies, parmi celles qui ont été décrites jusqu'à ce jour. Nous indiquons en même temps les espèces qui reparaissent dans les bandes **e 1**—**e 2** de notre division supérieure.

Formes graptolitiques des principales colonies.

Nr.	Genres et espèces			Colonies				Faune troisième	
				d 4	d 5				
				Zippe	Krejčí	Haidinger	d'Archiac	e 1	e 2
1	Rastrites	peregrinus	. Barr.	.	.	+	+	+	
2	Graptolithus	Becki . .	. Barr.	.	.	+	+	+	
3	Gr.	Bohemicus	. Barr.	.	+	+	+	+	+
4	Gr.	colonus .	. Barr.	.	+	+	+	+	+
5	Gr.	floridus .	. Barr.	.	.	.	+	.	.
6	Gr.	Nilssoni .	. Barr.	.	.	+	+	+	+
7	Gr.	nodulosus .	. Barr.	.	.	.	+	.	.
8	Gr.	nuntius . .	. Barr.	.	.	.	+	+	.
9	Gr.	priodon .	. Bronn.	.	+	.	+	+	+
10	Gr.	Proteus .	. Barr.	.	.	+	.	+	.
11	Gr.	quadrans .	. Barr.	.	.	.	+	+	.
12	Gr.	Roemeri .	. Barr.	.	+	.	+	+	+
13	Gr.	sagittarius?	. His.	.	.	.	+	.	.
14	Gr.	Sedgwicki	. Portl.	.	.	.	+	.	.
15	Gr.	spiralis . .	. Gein.	.	.	+	.	+	.
16	Gr.	spinigerus	. Nichol.	.	.	.	+	.	.
17	Gr.	tenuissimus	. Barr.	.	.	.	+	+	.
18	Diplograptus	Bohemicus	. Barr.	.	.	.	+	.	.
19	Dipl.	folium . .	. His.	.	.	.	+	.	.
20	Dipl.	palmeus .	. Barr.	.	+	+	+	+	.
21	Dictyomena	Bohemica .	. Barr.		.	.	+	+	+
					5	8	19	14	6

1. Le tableau qui précède montre d'abord, qu'aucune forme graptolitique n'a été observée dans la colonie Zippe, la seule connue dans la bande **d 4**. Comme cette enclave consiste uniquement dans une lentille calcaire, l'absence des Graptolites doit moins nous étonner. Nous constatons aussi, en passant, que les schistes de la bande **d 4** nous ont à peine fourni les traces d'une seule forme, indéterminable, de cette famille, qui est très faiblement représentée dans notre division inférieure.

2. Parmi les 21 formes inscrites sur notre tableau, il n'y en a pas une seule, dont l'existence dans la faune seconde, nous paraisse sûrement constatée. Cependant, nous devons faire remarquer, que *Diplograpt. Bohemicus,* existant dans la colonie d'Archiac, offre une grande analogie avec *Diplograpt. teres,* qui se trouve rarement dans les schistes de notre bande **d 5**, à Koenigshof et aux environs de Leiskov. La même observation s'applique à *Diplograpt. palmeus.* Mais, nous n'avons rencontré qu'une seule fois une forme analogue', dans les schistes de Koenigshof. Il serait même possible, que ce spécimen unique soit dérivé par compression de *Diplograpt. teres.*

Dans tous les cas, nous ne connaissons aucune autre connexion que celles que nous venons d'indiquer avec doute, entre les Graptolites de nos colonies et ceux de la faune seconde.

3. Par contraste, notre tableau montre que, parmi les 21 formes graptolitiques, trouvées dans l'ensemble des 3 colonies considérées, il y en a 14 qui reparaissent dans la bande **e 1**, tandisque 6 d'entre elles se propagent verticalement jusque dans notre bande **e 2**. Il n'y a donc que 7 formes, qui sont exclusivement propres à la faune de ces 3 colonies et on peut remarquer, qu'elles se trouvent uniquement dans la colonie d'Archiac. Cependant, nous montrerons plus tard, que quelques unes d'entre elles existent dans d'autres colonies non décrites.

Ainsi, la famille des Graptolites contribue largement à établir des connexions spécifiques entre la faune coloniale et la faune troisième, tandisque nous ne sommes pas certain, qu'il existe une seule espèce identique dans les colonies et dans la phase contemporaine de la faune seconde.

Les 7 formes, qui paraissent exclusivement propres aux colonies, pourraient représenter la proportion de l'extinction graduelle, durant l'espace de temps qui sépare la colonie d'Archiac du dépôt de la bande **e 1**.

9. Encrines.

Nous n'avons observé les traces des Encrines que dans la colonie de Béranka. Il serait impossible de déterminer sûrement leur nature générique et spécifique.

Nous constatons, que les fossiles de cette famille sont très rares dans notre faune seconde, qui offre plusieurs espèces de Cystidées. Mais, les débris d'Encrines se montrent, au contraire, très fréquemment dans notre bande **e 1**, quoique le nombre des formes spécifiques paraisse très petit, sur cet horizon, comme généralement dans notre bassin.

10. Polypiers.

La même colonie de Béranka nous a fourni de rares spécimens de cette famille. L'un d'eux nous montrant distinctement les pores sur les angles des cellules, paraît appartenir à l'espèce, *Calamopora alveolaris* Goldf. Les autres ne permettant pas d' observer la position de leurs pores, nous les avons rapportés à *Calamop. Gothlandica* Golf. dans notre *Esquisse Géologique (Syst. Sil. de Boh. Vol. I. p. 72. a 1852).* Mais, il est possible qu'ils soient spécifiquement identiques avec le premier spécimen mentionné. Nous ne compterons donc qu'une seule espèce coloniale.

Les Polypiers de ce groupe sont jusqu'ici inconnus dans notre faune seconde. Au contraire, ils commencent à apparaître dans la bande **e 1** et ils sont fréquens dans la bande **e 2**. Après une intermittence, durant la bande **f 1**, ils reparaissent dans la bande **f 2**, avec une nouvelle fréquence et aussi avec de nouvelles apparences spécifiques.

Ainsi, l'apparition des Polypiers, dans l'une de nos colonies, établit une connexion notable entre la faune coloniale et la faune troisième.

III. Résumé numérique de la faune coloniale et de ses connexions spécifiques.

Pour présenter, sous un seul coup d'oeil, le résumé numérique de la faune coloniale et de ses connexions spécifiques avec les faunes normales, seconde et troisième de notre bassin, nous avons dressé le tableau suivant. Mais, nous rappelons, que nous avons énuméré seulement les espèces des principales colonies décrites jusqu'à ce jour. Ainsi, ce tableau ne doit pas être considéré comme indiquant définitivement toute la richesse de la faune coloniale.

	Espèces coloniales			
	Totaux par ordre ou famille	exclusivement propres aux colonies	coexistant dans la faune II	reparaissant dans la faune III
Trilobites	12	. .	4	8
Crustacés divers	4	. .	. .	4
Céphalopodes	36	5	. .	31
Ptéropodes	2	. .	. .	2
Gastéropodes	10	. .	. .	10
Brachiopodes	15	1	. .	14
Acéphalés	8	. .	. .	8
Graptolites	21	7	. .	14
Encrines	1	1	. .	. .
Polypiers	1	. .	. .	1
	110	14	4	92

Ce tableau donne lieu aux observations suivantes:

1. Bien que la somme des espèces coloniales soit encore incomplète, on doit remarquer, qu'elle est peu inférieure à celle des espèces qui caractérisent la bande **d 5** et que nous évaluons à environ 130. On doit donc reconnaître, comme un fait singulier, le cantonnement des 110 formes coloniales, coexistant sans se mêler, avec les 130 formes de la faune seconde, répandues sur toute la surface de la bande **d 5**.

2. L'indépendance de la faune coloniale, malgré ses connexions avec la faune troisième, résulte de ce que 14 espèces paraissent exclusivement propres aux colonies. Ce nombre nous indique le progrès de l'extinction graduelle, pendant l'intervalle de temps écoulé entre la dernière colonie et l'apparition finale de la faune troisième, en Bohême. On voit, que ce sont les plus nombreuses familles, c. à d. les Céphalopodes et les Graptolites, qui présentent le plus d'extinctions. Pour les ordres peu riches en espèces, le progrès de l'extinction n'est pas sensible, durant l'intervalle de temps considéré.

3. Les connexions spécifiques entre la faune coloniale et la faune seconde se réduisent à 4 espèces de Trilobites, qui existent dans la colonie Zippe, comme dans la bande ambiante **d 4**. Voir ci-dessus p. 115.

4. Par contraste, les connexions spécifiques entre les colonies et la faune troisième sont représentées par le nombre 92, qui équivaut à 0.83 de la somme totale des espèces coloniales.

Ces connexions rendent évidente la communauté d'origine entre la faune coloniale et la faune troisième de notre bassin, tandisqu'elles démontrent également leur indépendance complète, par rapport à la faune seconde.

5. L'indépendance réciproque des faunes comparées se manifeste aussi bien dans la nature des élémens zoologiques, dont elles sont composées, en faisant abstraction des formes spécifiques.

Il suffit, en effet, de comparer les termes succints qui suivent, pour se convaincre de ce fait.

Dans les bandes **d 4 — d 5**, c. à d. dans les dernières phases de la faune seconde.	Prédominance des Trilobites. Rareté des Céphalopodes et des Graptolites.
Dans les colonies et dans la bande **e 1** c. à d. dans la première phase de la faune troisième.	Rareté des Trilobites. Prédominance des Céphalopodes et des Graptolites.

6. En considérant ces résultats des nos études, on est involontairement induit à concevoir, que les espèces coloniales ont été introduites en Bohême par immigration, à partir d'une contrée étrangère. Cette conception devient encore plus vraisemblable, si l'on remarque, qu'une partie de ces espèces existait antérieurement en Angleterre, sur des horizons relativement profonds, dans la division silurienne inférieure, c. à d. dans les premières phases de la faune seconde. C'est ce que nous allons montrer, dans le chapitre qui suit.

Chap. 6. **Relations paléontologiques entre la faune coloniale de la Bohême et les faunes siluriennes des contrées étrangères.**

Les relations paléontologiques, qui existent entre nos colonies et les faunes siluriennes des contrées étrangères, méritent particulièrement l'attention des savans, parcequ'elles consistent dans des connexions spécifiques avec la faune seconde de ces contrées aussi bien qu'avec leur faune troisième. Ces connexions sont de deux sortes:

Les connexions directes consistent en ce que diverses espèces de nos colonies se trouvent parmi celles qui caractérisent la faune seconde, en Angleterre.

Les connexions indirectes consistent en ce que diverses espèces de la faune seconde de la même contrée se retrouvent en Bohême, non dans nos colonies, mais dans notre faune troisième.

Nous allons énumérer successivement les espèces qui appartiennent à chacune de ces deux catégories.

I. Espèces coloniales de la Bohême qui se trouvent dans la faune seconde, en Angleterre.

Nous énumérons, dans le tableau suivant, les espèces de la faune seconde d'Angleterre, qui ont apparu dans nos colonies comme dans notre faune troisième, tandisqu'elles manquent totalement dans notre faune seconde. Nous indiquons en même temps les divers horizons, sur lesquels leur présence a été signalée dans le tableau de distribution verticale, publié pour la seconde fois en 1867 dans la *Siluria*, 3me Edit^n^. et dans les *Mem. of the Geol. Surv. III. p. 276—1866.* Nous ajoutons aussi quelques espèces appartenant aux schistes de Coniston, considérés comme faisant partie de la division silurienne inférieure d'Angleterre, par M. M. le Prof. Harkness et Alleyne Nicholson. (*Quart. Journ. Nov. 1866. p. 483 — Nov. 1868. p. 542—543.*)

Espèces d'Angleterre	Faunes siluriennes					Colonies de Bohême
	seconde			troisième		
	Llandeilo	Caradoc ou Bala	Llandovery inférieur	Wenlock et May-Hill	Ludlow	
1. { Cheirurus insignis . Beyr. / Cheir. bimucronatus Murch. sp. }	.	+ .	+	+	.	Zippe
2. Sphaerexochus mirus Beyr.	.	+ .	+?	+	.	Zippe
3. Atrypa reticularis Linn.	.	. .	+	+	+	{ Zippe. Krejčí. d'Archiac.
4. Strophomena (Lept.) euglypha Dalm.	.	. .	+	+	+	Zippe
5. Cardiola interrupta Sow.	.	Coniston	.	+	+	Krejčí. d'Archiac. etc.
6. Graptolithus Becki Barr.	+	. .	.	.	.	Haidinger.
7. Grapt. Nilssoni . . Barr.	+	. .	.	.	.	Haidinger.
8. Grapt. priodon . . Bronn.	.	+ .	+	+	+	Krejčí. d'Archiac. etc.
9. Rastrites peregrinus Barr.	+	. .	.	.	.	Haidinger
10. Grapt. Bohemicus . Barr.	.	Coniston	.	.	.	Haidinger
11. Grapt. colonus . . Barr.	.	Coniston	.	.	.	Haidinger
12. Grapt. Roemeri . . Barr.	.	Coniston	.	.	.	Krejčí.

Le nombre de ces espèces n'est pas très considérable en lui-même, mais il est cependant très notable dans cette circonstance, si on le compare, d'un coté, au nombre d'environ

57 espèces reconnues comme identiques en Bohême et en Angleterre (*Déf. III. p. 175—1865.*) et d'un autre côté, au chiffre relativement limité des formes qui constituent notre faune coloniale, par rapport aux 2000? espèces de notre faune troisième.

Remarquons, que les espèces citées se reproduisent presque toutes dans la faune troisième d'Angleterre et qu'elles existent toutes sans exception dans la faune troisième de Bohême. Par conséquent, elles jouent le même rôle d'avantcoureur, dans les deux contrées comparées.

Cette circonstance tendrait à nous faire concevoir, que les 12 espèces considérées, auraient pu dériver d'un centre commun de diffusion, pour se diriger d'un côté vers l'Angleterre et, de l'autre côté vers la Bohême, durant l'existence de la faune seconde. Aucun fait connu jusqu'à ce jour ne peut nous indiquer la position de ce centre primitif. Mais, la distance entre ces deux régions est assez considérable, pour qu'on puisse admettre son existence sans hésitation.

Dans tous les cas, quelle que soit l'origine des 12 espèces énumérées sur notre tableau, puisqu'elles se trouvent dans la faune seconde en Angleterre, il est évident, qu'elles ont pu apparaître semblablement en Bohême, durant l'existence de la faune correspondante. Ainsi, leur présence dans nos colonies est un fait normal, qui pouvait être attendu, par le seul effet de la diffusion habituelle des espèces.

Nous avons encore à mentionner un autre fait, qui se rattache naturellement au précédent. Il consiste en ce que, suivant M. le Prof. Kjérulf, deux espèces citées dans le tableau précédent, savoir: *Strophomena* (Lept.) *euglypha* et *Atrypa reticularis* coexistent en Norwége, dans son étage (5) avec *Trinucleus Wahlenbergi* Rou. (*Veiviser i Christiania p. 19—20—1865.*)

Nous rappelons, que les deux mêmes espèces de Brachiopodes coexistent dans notre colonie Zippe avec *Trinucleus ornatus.*

Par conséquent, si le fait établi par M. le Prof. Kjérulf est considéré comme naturel en Norwége, on ne voit pas pourquoi le fait analogue ne paraîtrait pas aussi naturel en Bohême.

II. Espèces de la faune troisième de Bohême, qui ont antérieurement existé dans la faune seconde d'Angleterre.

Genres et espèces	Angleterre					Bohême				
	faune II			faune III		f. II	faune III			
	Llandeilo	Caradoc ou Bala	Llandovery	Wenlock et May-Hill	Ludlow	D	E	F	G	H
Crustacés.										
1. Calymene Blumenbachi Brong.	.	+	+	+	.	.	+	+		
2. Staurocephalus Murchisoni Barr.	.	+	+	+	.	.	+	.		
Céphalopodes.										
3. Orthoceras annulatum . Sow.	.	+	+	+	.	.	+	.		
Brachiopodes.										
4. Atrypa marginalis . . Dalm.	.	+	+	+	.	.	+	.		
5. Cyrtia trapezoidalis . . Dalm.	.	+	+	+	+	.	+	.		
6. Leptaena sericea . . . Sow.	+	+	+	+?	.	.	+	.		
7. Lept. transversalis . Dalm.	.	+	+	+	.	.	+	.		
8. Orthis elegantula . Dalm.	+	+	+	+	+	.	+	+		
9. Orth. hybrida? . . Sow.		+	+	+	.	.	+	.		
10. Strophomena depressa . Sow.	.	+	+	+	+	.	+	+		
11. Stroph. pecten . . Linn.	.	+	+	+	.	.	+	.		
Graptolites.										
12. Graptolithus convolutus His.	.	Coniston	.	.	.	.	+	.		
13. Grapt. turriculatus Barr.	.	Coniston	.	.	.	.	+	.		
14. Diplograpsus palmeus . Barr.	.	Coniston	.	.	.	.	+	.		
15. Rastrites Linnaei . . . Barr.	.	Coniston	.	.	.	.	+	.		
16. Retiolites Geinitzianus Barr.	.	Coniston	.	.	.	.	+	.		
Polypiers.										
17. Favosites alveolaris . . Blainv.	.	+	+	+	+	.	+	.		
18. Halysites catenularius . Linn.	+	+	+	+	.	.	+	.		
19. Heliolites interstinctus Wahl.	.	+	+	+	+	.	+	.		
20. Heliol. tubulatus . . Lonsd.	.	+	+	+	.	.	+			
21. Ischadites Koenigi . . Murch.	+	.	.	+	+	.	+	.		
	4	20	15	16	6		21	3		

Les 21 espèces énumérées, sur le tableau qui précède, sont réparties en Angleterre sur trois horizons, occupés par la faune seconde, savoir:

Llandovery	15 espèces	
Caradoc et Coniston .	20 . . .	21
Llandeilo *(à la base)*	4 . . .	

On peut remarquer aussi, que la totalité de ces 21 formes a existé durant la période de temps représentée par l'ensemble des étages de Llandeilo et Caradoc, renfermant la partie la plus caractérisée de la faune seconde.

Au contraire, aucune de ces espèces n'existe dans la faune seconde de Bohême. Elles n'ont apparu dans notre bassin que durant les premières phases de la faune troisième c. à d. dans notre étage calcaire inférieur **E**. Ainsi, l'antériorité de toutes ces formes en Angleterre est évidente.

Mais, puisque ces 21 espèces existaient en Angleterre durant la faune seconde, c. à d. durant des âges divers, dont les uns sont certainement antérieurs à nos colonies et les autres leur correspondent, on conçoit, qu'elles auraient pu immigrer en Bohême et faire partie de notre faune coloniale, comme les 12 autres espèces coexistantes dans la faune seconde d'Angleterre et que nous avons énumérées sur le tableau ci-dessus (p. 131).

Ces 21 espèces contribuent donc à démontrer, que les élémens de notre faune troisième, qui sont représentés dans notre faune coloniale, existaient en nombre notable, dans une contrée étrangère, pendant que la faune seconde prédominait encore dans le bassin silurien de la Bohême. Nous avons donc le droit de considérer ces espèces comme établissant des connexions indirectes entre la faune seconde d'Angleterre et nos colonies.

Nous ferons remarquer, que les espèces déterminées par Linné, Wahlenberg et Dalman, dans le tableau qui précède, caractérisent la faune troisième de Suède, principalement dans l'Ile de Gothland. La plupart ont été aussi retrouvées en Norwége, par M. le Prof. Kjérulf, sur un horizon correspondant. Mais, nous ignorons, si elles existent dans la faune seconde de ces régions Scandinaves.

D'après les documens publiés sur la Russie et principalement sur les Provinces de la Baltique, par M. le Doct. Fréd. Schmidt, *(Untersuch. üb. die Sil. Format. v. Esthland, Nord-Livland u. Oesel 1858)* les mêmes espèces se retrouvent presque toutes dans les zones des Pentamères lisses de ces contrées, c. à d. dans les premières phases de la faune troisième, tandisque leur existence dans la faune seconde n'a pas été signalée.

D'après ces apparences, l'Angleterre aurait joui du privilége d'une antériorité très prononcée pour ces espèces.

On peut aussi remarquer que, malgré l'isolement relatif du bassin silurien de la Bohême, la propagation de ces formes s'est opérée avec une rapidité à peu près égale entre les diverses contrées que nous venons de comparer.

Chap. 7. **Ordre de réapparition des espèces coloniales, dans la faune troisième.**

L'ordre suivant lequel les espèces de nos colonies reparaissent dans notre division supérieure, c. à d. dans les diverses phases de la faune troisième, mérite une attention particulière. En effet, nous remarquons, que ces espèces ne reparaissent pas toutes à la fois, ni sur l'horizon le plus rapproché des colonies. Au contraire, nous constatons, que les réapparitions de diverses formes n'ont lieu qu'après des intermittences, qui offrent une longueur très inégale.

I. Cette observation ne s'applique pas aux Graptolites, car nous avons fait remarquer ci-dessus (p. 126), que les formes de cette famille, qui sont communes à la faune coloniale et à la faune troisième, reparaissent toutes dans la bande **e 1**, à la base de la division supérieure.

Notre tableau ci-après (p. 141) montre, que presque tous les Trilobites coloniaux se retrouvent aussi dans cette bande.

II. Ce sont principalement les mollusques coloniaux, qui offrent l'irrégularité dans leur réapparition. Sous ce rapport, l'exemple le plus frappant, nous est fourni par l'ordre des Céphalopodes, représentés par 36 espèces. Dans ce nombre, il n'y a que 5 espèces, qui sont exclusivement propres aux colonies, savoir: 1 *Cyrtoceras* et 4 *Orthoceras*. Ainsi, 31 formes de cet ordre, comprenant 1 *Cyrtoceras* et 30 *Orthoceras*, disparaissent durant le dépôt de la formation culminante de **d 5** et reparaissent plus tard, sur divers horizons, dans notre division supérieure. Ces espèces sont rangées suivant l'ordre de leur réapparition, dans le tableau suivant et elles sont séparées en 4 groupes distincts.

Ordre de réapparition des Céphalopodes coloniaux.

Nr.	Genres et Espèces	Faunes siluriennes															
		I	II					III									
		C	D					E		F		G			H		
			d 1	d 2	d 3	d 4	d 5	e 1	e 2	f 1	f 2	g 1	g 2	g 3	h 1	h 2	h 3
	I. Espèces exclusivement propres aux colonies.						Col.										
	Cyrtoceras . . . Goldf.																
1	advena . . . . Barr.	.	.	.	.	.	+	.	.	.	.	.	.	.	.	.	.
	Orthoceras . . . Breyn.																
2	pristinum . . . Barr.	.	.	.	.	.	+	.	.	.	.	.	.	.	.	.	.
3	semiannulatum . Barr.	.	.	.	.	.	+	.	.	.	.	.	.	.	.	.	.
4	sertiferum . . . Barr.	.	.	.	.	.	+	.	.	.	.	.	.	.	.	.	.
5	testis . . . . . Barr.	.	.	.	.	.	+	.	.	.	.	.	.	.	.	.	.
	II. Espèces reparaissant dans la bande e 1.																
	Cyrtoceras . . . Goldf.																
1	plebeium . . . Barr.	.	.	.	.	.	+	+	+	.	.	.	.	.	.	.	.
	Orthoceras . . . Breyn.																
2	caduceus . . . Barr.	.	.	.	.	.	+	+	.	.	.	.	.	.	.	.	.
3	dulce . . . . . Barr.	.	.	.	.	.	+	+	+	+	.	.	.	.	.	.	.

Nr.	Genres et Espèces	Faunes siluriennes															
		I	II					III									
		C	D					E		F		G			H		
			d1	d2	d3	d4	d5	e1	e2	f1	f2	g1	g2	g3	h1	h2	h3
	Orthoceras (suite).																
4	**hastile** . . . . Barr.	.	.	.	.	.	+	+	.	.	.	.	.	.	.	.	.
5	**originale** . . . Barr.	.	.	.	.	.	+	+	+	+	.	.	.	.	.	.	.
6	**Panderi** . . . . Barr.	.	.	.	.	.	+	+	+	.	.	.	.	.	.	.	.
7	**penetrans** . . . Barr.	.	.	.	.	.	+	+	.	.	.	.	.	.	.	.	.
8	**pleurotomum** . Barr.	.	.	.	.	.	+	+	+	.	.	.	.	.	.	.	.
9	**repetitum** . . . Barr.	.	.	.	.	.	+	+	+	+	.	.	.	.	.	.	.
10	**socium** . . . . Barr.	.	.	.	.	.	+	+	+	.	.	.	.	.	.	.	.
11	**styloideum** . . Barr.	.	.	.	.	.	+	+	+	+	.	.	.	.	.	.	.
12	**subannulare** . . Münst.	.	.	.	.	.	+	+	+	+	+	.	.	.	.	.	.
13	**timidum** . . . Barr.	.	.	.	.	.	+	+	+	.	.	.	.	.	.	.	.
14	**truncatum** . . . Barr.	.	.	.	.	.	+	+	+	.	.	.	.	.	.	.	.
15	**valens** . . . . Barr.	.	.	.	.	.	+	+	+	+	.	.	.	.	.	.	.
16	**zonatum** . . . Barr.	.	.	.	.	.	+	+	+	.	.	.	.	.	.	.	.
	III. Espèces reparaissant dans la bande e 2.																
1	**Orth.** acuarium? . Münst.	.	.	.	.	.	+	.	+	.	.	.	.	.	.	.	.
2	**alticola** . . . . Barr.	.	.	.	.	.	+	.	+	.	.	.	.	.	.	.	.
3	**currens** . . . . Barr.	.	.	.	.	.	+	.	+	.	.	.	.	.	.	.	.
4	**dorulites** . . . Barr.	.	.	.	.	.	+	.	+	.	.	.	.	.	.	.	.
5	**fasciolatum** . . Barr.	.	.	.	.	.	+	.	+	.	.	.	.	.	.	.	.
6	**Gruenewaldti** . Barr.	.	.	.	.	.	+	.	+	.	.	.	.	.	.	.	.
7	**liberum** . . . . Barr.	.	.	.	.	.	+	.	+	.	.	.	.	.	.	.	.
8	**lupus** . . . . Barr.	.	.	.	.	.	+	.	+	.	.	.	.	.	.	.	.
9	**Michelini** . . . Barr.	.	.	.	.	.	+	.	+	.	+	.	.	.	.	.	.
10	**Murchisoni** . . Barr.	.	.	.	.	.	+	.	+	.	.	.	.	.	.	.	.
11	**Saturni** . . . . Barr.	.	.	.	.	.	+	.	+	.	.	.	.	.	.	.	.
12	**squamatulum** . Barr.	.	.	.	.	.	+	.	+	.	.	.	.	.	.	.	.
13	**taeniale** . . . Barr.	.	.	.	.	.	+	.	+	+	.	.	.	.	.	.	.
14	**teres** . . . . . Barr.	.	.	.	.	.	+	.	+	+	.	.	.	.	.	.	.
	IV. Espèces reparaissant dans la bande f 2.																
1	**Orth.** contumax . Barr.	.	.	.	.	.	+	.	.	.	+	.	.	.	.	.	.
							36	16	27	8	3						

Le tableau qui précède se résume numériquement, comme il suit. Les bandes de la division supérieure sont disposées suivant l'ordre naturel de leur superposition.

		Réapparitions.
dans la bande . . .	**f 2** . . .	1 espèce
	f 1 . . .	. .
	e 2 . . .	14 . .
	e 1 . . .	16 . .
		31
Espèces exclusivement propres aux colonies (**d 5**) . . .		5
total des espèces coloniales des Céphalopodes		36

Ce résumé nous montre, que 16 espèces coloniales reparaissent les premières, dans la bande **e 1**. Elles constituent à peine plus de la moitié des formes coloniales de cet ordre des Mollusques.

Nous rappelons, que la bande **e 1** est principalement composée, comme les enclaves coloniales, de schistes à Graptolites, renfermant des sphéroides calcaires.

Le nombre des réapparitions dans la bande **e 2** est de 14 espèces. Il est donc peu différent de celui que nous venons de constater dans la bande **e 1**.

Cependant, nous devons rappeler, que la bande **e 2** se compose presque uniquement de bancs calcaires, continus, qui n'offrent pas de ressemblance avec les roches coloniales.

Comme presque toutes les formes qui reparaissent dans la bande **e 1**, se propagent verticalement dans la bande **e 2**, il s'en suit, que cette bande **e 2**, verticalement plus éloignée des colonies, renferme 27 espèces coloniales, tandisque la bande **e 1** qui en est plus voisine, n'en renferme que 16. Ce contraste mérite d'être remarqué.

Il n'y a aucune nouvelle réapparition d'espèces coloniales dans la bande **f 1**. Mais, cette bande renferme cependant 8 de ces espèces, qui se propagent à partir des bandes inférieures **e 1—e 2**.

Une seule et dernière espèce coloniale reparaît dans la bande **f2**, où elle est extrêmement rare. Nous retrouvons encore sur cet horizon 2 autres espèces coloniales, qui avaient déjà reparu dans l'étage **E**.

Aucune des 31 espèces des colonies ne se propage au-dessus de l'horizon de **f2**.

Cet ordre de réapparition et cette distribution verticale des formes coloniales, dans les phases successives de notre faune troisième, suffiraient pour démontrer, que nos enclaves coloniales ne sont pas des lambeaux de la bande **e1**, qui est composée de roches semblables. En effet, il est évident, que ces prétendus lambeaux de la bande **e1** ne pourraient pas renfermer les espèces relativement nombreuses de Céphalopodes, qui ne se trouvent pas dans cette bande et qui caractérisent les bandes superposées: **e2—f1—f2**.

Ces observations relatives aux Céphalopodes s'appliquent aussi aux autres Mollusques, mais elles sont moins frappantes, parceque ceux-ci sont représentés dans les colonies par un nombre d'espèces peu considérable.

Comme nos travaux sur ces ordres ne sont pas achevés, nous devons nous borner à cette première indication.

Chap. 8. **Parallèle entre les espèces coloniales et les espèces des faunes normales, sous le rapport de leur durée et des variations correspondantes, observées dans leurs formes.**

Les espèces coloniales ayant existé durant les dernières phases de la faune seconde et pendant les premières phases de la faune troisième, on pourrait penser, que leur durée a excédé celle de l'existence des espèces, qui appartiennent uniquement aux faunes normales. Nous croyons donc convenable de mettre en parallèle, sous ce rapport, les principales espèces de nos colonies et les espèces les plus remarquables par leur extension verticale, dans les deux grandes divisions siluriennes de la Bohême. Cette étude nous conduira naturellement à comparer les espèces de ces deux catégories, sous le rapport de la constance ou des modifications successives observées dans leurs formes.

Pour établir ce parallèle, avec une complète exactitude, il serait indispensable d'avoir une unité de temps, également applicable à toutes les espèces comparées, pour apprécier leur durée. Malheureusement, cette unité ne saurait être fixée, dans l'état actuel de la science. Elle ne peut pas être représentée par une unité de hauteur verticale, dans la série stratigraphique, ce qui serait le moyen de comparaison le plus simple. Ainsi, dans notre bassin, nous ne pouvons pas recourir à la mesure des hauteurs traversées par les espèces, parceque celles-ci ne se trouvent pas dans des formations de même nature pétrographique. Les unes ont existé pendant le dépôt des schistes et des quartzites, sans calcaires, qui composent notre division inférieure. Les autres ont vécu durant le dépôt des calcaires, qui constituent presque totalement notre division supérieure. D'un autre côté, l'existence des espèces coloniales correspond en partie au dépôt des roches de chacune de ces deux divisions.

Ces circonstances nous opposant une difficulté insurmontable, dans la mesure exacte des temps à comparer, nous ne trouvons qu'un seul moyen, pour nous en affranchir autant que possible. Ce moyen consiste à adopter comme unité approximative, la durée des phases de nos faunes partielles, durée qui correspond à celle du dépôt de chacune de nos bandes.

Nous sommes loin de penser, que ces unités représentent des intervalles de temps égaux. Cependant, en ayant recours à ce moyen, qui offre le grand avantage de la simplicité, nous ne croyons pas nous exposer à des erreurs plus graves que celles qui résulteraient de l'emploi d'une méthode plus compliquée. D'ailleurs, les espèces coloniales ayant partiellement existé dans chacune des faunes seconde et troisième, l'erreur que nous pouvons commettre, en évaluant la durée de leur existence, sera moindre que celle à laquelle nous serions exposé en comparant, sous le même rapport, l'existence des espèces qui appartiennent exclusivement à ces deux faunes.

Nous nous bornerons à considérer les Trilobites et ensuite les Céphalopodes, qui prédominent dans les colonies par le nombre de leurs espèces, tandisque les autres ordres sont représentés par des formes relativement moins nombreuses et plus rares, abstraction faite des Graptolites.

I. Extension verticale des espèces de Trilobites.

I. Trilobites coloniaux.

Nous rangeons en 3 catégories, dans le tableau suivant, les noms de tous les Trilobites connus dans nos colonies, en indiquant pour chacun d'eux toutes les bandes des deux divisions, dans lesquelles son existence a été constatée. Nous considérons chaque bande comme correspondant à une phase de nos faunes siluriennes. Presque toutes ces espèces ont été déjà énumérées par nous dès 1852, dans notre *Esquisse géologique. (Syst. Sil. de Boh. I. p. 72. a.)*

Nr.	Trilobites des colonies	Faunes siluriennes															
		I	II					III									
		C	D					E		F		G			H		
			d1	d2	d3	d4	d5	e1	e2	f1	f2	g1	g2	g3	h1	h2	h3
	Ière catégorie. 2 phases.					Col.	Col.										
1	Dalmanites orba . . Barr.	.	.	.	.	.	+	+	.	.	.	.	.	.	.	.	.
	2me catégorie. 3 phases.																
1	Cyphaspis Burmeisteri Barr.	.	.	.	.	.	+	+	+	.	.	.	.	.	.	.	.
2	Lichas palmata . . Barr.	.	.	.	.	.	+	.	+	.	.	.	.	.	.	.	.
3	L. scabra . . . Barr.	.	.	.	.	.	+	+	+	.	.	.	.	.	.	.	.
	3me catégorie. 4 phases.																
1	Arethusina Konincki Barr.	.	.	.	.	+	.	+	+	.	.	.	.	.	.	.	.
2	Cheirurus insignis . Beyr.	.	.	.	.	+	.	+	+	.	.	.	.	.	.	.	.
3	Phacops Glockeri . Barr.	.	.	.	.	+	+	+	+	.	.	.	.	.	.	.	.
4	Sphaerexochus mirus Beyr.	.	.	.	.	+	.	+	+	.	.	.	.	.	.	.	.

D'après l'ordre adopté dans ce tableau, il est aisé de reconnaître que les 8 espèces coloniales sont réparties très inégalement entre les 3 catégories indiquées.

1 a existé durant 2 phases.

3 ont existé durant 3 phases.

4 ont existé durant 4 phases.

Nous devons faire abstraction des intermittences, que présentent diverses espèces, car ces disparitions supposent leur existence dans d'autres contrées.

2. Trilobites des Faunes normales.

Nous avons dressé de même le tableau suivant, indiquant les espèces trilobitiques des faunes seconde et troisième, qui offrent la plus grande extension verticale, c. à. d. qui ont existé au moins durant 3 phases, comme les espèces coloniales offrant la moyenne durée. Nous négligeons toutes les autres espèces, qui n'ont existé que pendant 1 ou 2 phases. Les formes énumérées dans notre tableau sont rangées en 4 catégories, suivant leur extension verticale.

Le tableau suivant se résume ainsi qu'il suit:

9 espèces ont existé durant 3 phases
10 4
9 5
1 6
29

Nous devons faire abstraction des intermittences, qui supposent l'existence des espèces dans une autre contrée.

Nr.	Trilobites des faunes seconde et troisième	Faunes siluriennes															
		I	II					III									
		C	D					E		F		G			H		
			d 1	d 2	d 3	d 4	d 5	e 1	e 2	f 1	f 2	g 1	g 2	g 3	h 1	h 2	h 3
	1ère catégorie. 3 phases.																
1	Acidaspis primordialis Barr.	.	.	+	+	+	.	.	.	.	.	.	.	.	.	.	.
2	Acid. Leonhardi Barr.	.	.	.	.	.	.	.	+	+	+	.	.	.	.	.	.
3	Calymene Blumenbachi Brongn.	.	.	.	.	.	.	.	+	.	+	.	.	.	.	.	.
4	Cheirurus claviger Beyr.	.	.	+	+	+	.	.	.	.	.	.	.	.	.	.	.
5	Cheir. gibbus Beyr.	.	.	.	.	.	.	.	+	+	+	.	.	.	.	.	.
6	Cyphaspis Barrandei Cord.	.	.	.	.	.	.	.	+	+	+	.	.	.	.	.	.
7	Dalmanites dubia Barr.	.	.	+	+	+	.	.	.	.	.	.	.	.	.	.	.
8	Illaenus transfuga Barr.	.	.	+	.	+	.	.	.	.	.	.	.	.	.	.	.
9	Proetus decorus Barr.	.	.	.	.	.	.	+	+	+	.	.	.	.	.	.	.
	2me catégorie. 4 phases.																
1	Calymene pulchra Barr.	.	+	+	.	+	.	.	.	.	.	.	.	.	.	.	.
2	Cheirurus tumescens Barr.	.	.	+	+	+	+	.	.	.	.	.	.	.	.	.	.
3	Dalmanites Phillipsi Barr.	.	.	+	+	+	+	.	.	.	.	.	.	.	.	.	.
4	Dalm. Reussi Barr.	.	.	.	.	.	.	.	.	.	+	+	.	+	.	.	.
5	Dalm. socialis Barr.	.	.	+	+	+	+	.	.	.	.	.	.	.	.	.	.
6	Harpes venulosus Cord.	.	.	.	.	.	.	.	+	+	+	+	.	.	.	.	.
7	Illaenus Panderi Barr.	.	.	+	+	+	+	.	.	.	.	.	.	.	.	.	.
8	Phacops Bronni Barr.	.	.	.	.	.	.	.	+	.	+	+	.	.	.	.	.
9	Proetus lepidus Barr.	.	.	.	.	.	.	.	+	+	+	+	.	.	.	.	.
10	Trinucleus Goldfussi Barr.	.	.	+	+	+	+	.	.	.	.	.	.	.	.	.	.
	3me catégorie. 5 phases.																
1	Agnostus tardus Barr.	.	+	.	.	.	+	.	.	.	.	.	.	.	.	.	.
2	Acidaspis Buchi Barr.	.	+	+	+	+	+	.	.	.	.	.	.	.	.	.	.
3	Aeglina rediviva Barr.	.	+	.	+	.	+	.	.	.	.	.	.	.	.	.	.
4	Aegl. speciosa Cord.	.	+	.	.	.	+	.	.	.	.	.	.	.	.	.	.
5	Aegl. sulcata Barr.	.	+	.	.	.	+	.	.	.	.	.	.	.	.	.	.
6	Asaphus nobilis Barr.	.	+	.	+	+	+	.	.	.	.	.	.	.	.	.	.
7	Cheirurus Sternbergi Boeck	.	.	.	.	.	.	.	+	+	+	+	+	.	.	.	.
8	Dindymene Haidingeri Barr.	.	+	.	.	.	+	.	.	.	.	.	.	.	.	.	.
9	Dionide formosa Barr.	.	+	.	+	.	+	.	.	.	.	.	.	.	.	.	.
	4me catégorie. 6 phases.																
1	Phacops fecundus Barr.	.	.	.	.	.	.		+	.	+	+	+	+	?	.	.

II. *Parallèle entre les Trilobites des colonies et ceux des faunes normales, sous le rapport de la durée des espèces.*

En comparant maintenant les résultats numériques de ces tableaux, il est évident, qu'aucun des Trilobites coloniaux ne présente le *maximum* de durée, que nous constatons pour les 10 Trilobites des faunes normales, qui sont rangés dans la troisième et dans la quatrième catégorie, puisque l'un d'eux a traversé au moins 6 phases et les 9 autres en ont traversé 5.

Ainsi, la durée des crustacés coloniaux, loin d'excéder celle des formes congénères des faunes normales, est, au contraire, dépassée par l'existence de 10 Trilobites, caractérisant ces 2 faunes dans notre bassin.

Nous remarquons aussi, que la plus grande durée des Trilobites coloniaux, correspondant à 4 phases, est représentée par 10 espèces dans les faunes normales et que le nombre de 3 phases, observé dans 3 des espèces coloniales, se retrouve dans 9 espèces des faunes normales.

Le tableau suivant résume ces faits de la manière la plus simple et la plus évidente.

	Nombre des phases traversées				
	2	3	4	5	6
Nombre des espèces coloniales	1	3	4	.	.
Nombre des espèces des faunes normales	.	9	10	9	1

En présence de résultats si positifs, il serait difficile de reprocher à la doctrine des colonies d'introduire dans la science des faits insolites, sous le rapport de la durée des espèces siluriennes. Cet exemple montre encore une fois, combien peu de confiance on doit ajouter aux simples apparences, en matière scientifique.

III. Parallèle entre les Trilobites, sous le rapport des variations observées dans leurs formes.

Il nous reste maintenant à comparer les Trilobites coloniaux avec les Trilobites des faunes normales, sous le rapport des variations, qu'on devrait s'attendre à rencontrer dans les uns et dans les autres, suivant les récentes théories de l'évolution.

I. Trilobites des Colonies.

Nous constatons d'abord, que les Trilobites coloniaux ne nous montrent, à l'époque leur réapparition, c. à d. dans les premières phases de la faune troisième, aucune différence appréciable, dans leurs élémens caractéristiques, par rapport à leur première forme, observée dans les colonies. Nous ajoutons même, qu'aucun d'eux ne nous permet de remarquer, entre les individus qui ont existé dans diverses phases, une différence de taille autre, que celle que nous attribuons habituellement à l'âge, parmi les individus contemporains.

Nous n'observons également aucune variation sensible dans les ornemens, qui sont, comme on sait, très sujets à varier. Par exemple, l'espèce que nous nommons *Dalmanites orba*, et dans laquelle nous avons signalé l'apparence de la granulation, tantôt fine, tantôt forte, sur la glabelle de divers individus de notre bande **e 1**, *(Syst. Sil. de Boh. I. p. 560—1852)*, est représentée dans la colonie d'Archiac par divers exemplaires, qui offrent distinctement les mêmes apparences contrastantes. Cette constance dans les variétés des ornemens, durant 2 phases, mérite d'être remarquée.

2. Trilobites des faunes normales.

Si nous considérons maintenant les Trilobites des faunes normales, nous reconnaissons, que la grande majorité des espèces énumérées sur notre tableau, s'est montrée aussi constante ou invariable dans ses formes, que les Trilobites coloniaux. Les seules variations que nous pouvons observer dans leurs apparences, sont relatives aux dimensions du corps et plus rarement à celles des yeux. Quelques espèces ont aussi éprouvé une modification dans leurs ornemens. Nous allons passer en revue toutes celles qui peuvent mériter l'attention, sous ces divers rapports.

1. *Acidaspis Buchi* Barr. *(Syst. Sil. de Boh. I. p. 716. Pl. 36—37)*, dont nous avons recueilli de nombreux exemplaires, dans les 5 bandes de notre étage **D**, conserve sur tous ces horizons tous ses traits caractéristiques, également prononcés. Ainsi, l'état de conservation, variable dans les diverses roches de ces bandes, est le seul signe distinctif des individus, qui ont existé dans les 5 phases successives de notre faune seconde. Cette espèce, remarquable par sa taille, entre toutes celles du même genre, permet plus que toute autre de constater la persistance de tous ses caractères spécifiques.

La seule variation que nous remarquons, consiste en ce que les individus de la bande **d 4** offrent la plupart des dimensions plus fortes que celles des spécimens connus sur les 4 autres horizons. La plus grande différence est représentée par le rapport des nombres 5 : 3. Mais, les spécimens de la bande **d 5** reprennent la taille normale et primitive de l'espèce.

2. *Asaphus nobilis* Barr. *(Syst. Sil. de Boh. I. p. 657 Pl. 31—32)* est le plus grand de nos Trilobites. Il a traversé également les 5 bandes de notre étage **D**, en disparaissant seulement pendant le dépôt de la bande des quartzites **d 2**. Sur tous ces horizons, les individus se montrent semblables par tous les élémens du corps, comme par leur ornementation caractéristique. Quant à leur taille, nous remarquons que, parmi ceux qui se trouvent dans la bande **d 4**, quelques uns offrent les plus grandes dimensions connues, c. à d. presque doubles de la taille primitive. Mais, ce développement est temporaire, comme pour *Acidaspis Buchi,* car les individus de la bande **d 5** nous montrent seulement la taille normale.

Nous ferons remarquer, que ces deux espèces offrent également la plus grande fréquence des individus dans la même bande **d 4**.

3. *Dionide formosa (Syst. Sil. de Boh. I. p. 641. Pl. 42)* est l'une des espèces intermittentes, que nous avons citées dans notre Mémoire sur *Arethusina* (p. 16). Elle apparaît à trois reprises différentes, c. à d. dans nos bandes **d 1**—**d 3**—**d 5**, composées de schistes fins, argileux, tandisqu'elle disparaît complètement, dans les bandes **d 2**—**d 4**, dans lesquelles les quartzites prédominent, ou bien sont très fréquens et alternent avec des schistes grossiers.

Nous possédons des spécimens assez nombreux de cette espèce, qui ont été recueillis sur les trois horizons qu'elle caractérise. Ces exemplaires représentent tous les âges. L'un des plus jeunes est figuré sur la Pl. 1 du Supplément à notre Vol. I. Tous les spécimens connus s'accordent à nous montrer, que la forme de tous les élémens du corps reste constante, durant toute la durée de cette espèce. Mais, on distingue aisément, parmi les individus contemporains, la forme longue et la forme large. Elles sont principalement différenciées par l'apparence de leur *pygidium*, ainsi que le montrent les figures de notre planche citée.

Si l'on compare les spécimens des trois bandes indiquées, on reconnaît une différence très notable dans la taille des adultes, qui varie du simple au double. La taille la plus grande s'observe exclusivement dans les individus de la bande intermédiaire **d 3**, tandisque les exemplaires des bandes extrêmes, **d 1**—**d 5**, sont plus petits d'environ moitié. Nous remarquons cependant, que les spécimens de la bande **d 5** sont généralement un peu plus développés que ceux de la bande **d 1**. Mais, cette apparence peut provenir de ce que ces derniers sont relativement plus rares.

Ainsi, cette espèce, comme les deux précédentes, se montre sous des apparences sensiblement identiques aux deux époques extrêmes de son existence, en Bohême, tandisque vers le milieu de sa durée, elle offre un développement remarquable dans les dimensions des individus et surtout dans celles de la forme longue.

Cet accroissement temporaire, dans la taille, ne se traduit par aucune modification visible dans les élémens de la tête et du thorax, dont chacun conserve exactement la même conformation. Nous citerons, en particulier, les pointes génales extraordinairement prolongées dans cette espèce, et qui s'étendent bien au delà du corps. Nous retrouvons ces pointes ornamentales, semblables, dans les spécimens des trois horizons.

Au contraire, dans le pygidium, l'accroissement de la taille donne lieu à l'apparition d'un plus grand nombre de segmens distincts sur l'axe et sur les lobes latéraux. En effet, nous pouvons compter jusqu'à 26 articulations sur l'axe de la forme longue (fig. 24.) Au contraire, le nombre correspondant ne semble pas s'élever au-dessus de 18, dans les individus des nos bandes **d 1—d 5**. Mais, on doit remarquer, que certains spécimens de la forme large, dans la bande **d 3**, n'en présentent que le même nombre 18, comme celui que nous avons figuré. (fig. 25.)

Ainsi les variations de *Dionide formosa*, correspondant seulement au milieu de la durée de ce Trilobite, n'ont eu aucune influence sur la conformation des individus qui la représentent dans la bande **d 5**. Ces individus, qui paraissent avoir été les derniers de cette espèce, étant identiques avec ceux de la bande **d 1**, qui ont été les premiers, on voit que, durant les longs âges représentés par toute la durée de la faune seconde, *Dionide formosa*, malgré sa variation temporaire, n'a pas même éprouvé un commencement durable de transformation, qui puisse être considéré comme tendant à produire une nouvelle espèce, par voie de filiation.

Remarquons, que ce Trilobite a offert deux longues intermittences en Bohême, durant le dépôt des bandes, **d 2—d 4**, qui possèdent chacune une grande puissance. Ainsi, il peut être comparé, sous tous les rapports, aux espèces coloniales. Puisqu'il montre des apparences identiques, dans ses apparitions extrèmes, aux deux limites verticales de la faune seconde, il contribue puissamment à nous faire concevoir la constance que nous observons dans les formes des Trilobites coloniaux.

4. *Dalmanites socialis* Barr. *(Syst. Sil. de Boh. I. p. 552. Pl. 21. 22. 26. 27.)* se trouve dans nos 4 bandes superposées: **d 2—d 3—d 4—d 5**. On peut supposer, que son existence a été continue dans notre bassin, pendant les 4 phases correspondantes de notre faune seconde. Il contraste donc, sous ce rapport, avec l'espèce précédente.

Les premiers individus connus de *Dalm. socialis* apparaissent dans notre bande des quartzites **d 2**, dont certaines couches sont chargées de leurs fragmens. Mais, sur cet horizon, la taille normale de cette espèce offre le *minimum* observé dans notre bassin. Tous les spécimens sont d'ailleurs identiques dans tous leurs élémens et ils offrent invariablement la pointe génale bien développée et caractéristique de cette forme typique. Leurs yeux possèdent aussi le plus grand nombre de lentilles, c. à d. environ 230. (Pl. 26.)

Dans la bande **d 3**, nous voyons apparaître la variété nommée *proaeva*, qui se distingue par la réduction des pointes génales à un état presque rudimentaire (Pl. 21. 22. 26). Cette variété se propage avec les mêmes caractères dans toute la hauteur de la bande **d 4**. Nous remarquons aussi, dans les individus de cette variété, que les yeux présentent un nombre de lentilles moindre que dans la forme primitive et qui ne dépasse pas 190. Du reste, ces deux formes sont identiques dans tous les autres élémens, et l'une et l'autre présentent également 11 articulations sur l'axe du pygidium. Les spécimens de la variété *proaeva* prennent cependant des dimensions plus développées dans la bande **d 4**, que celles du type *socialis* dans la bande **d 2**.

Dans la bande **d 5**, se manifeste une nouvelle variété, que nous nommons *grandis* (Pl. 27) à cause de sa taille notablement plus grande que celle de la variété précédente, suivant le rapport moyen de 130 à 110. Par suite de cet accroissement des dimensions, l'axe de pygidium nous montre 13 articulations, au lieu de 11, qui existent dans les formes antérieures. Mais, nous remarquons en même temps le retour de l'espèce à sa forme typique, par la réapparition des pointes génales bien développées et du nombre primitif des lentilles, environ 230.

Ainsi, la dernière variété de cette espèce ne diffère réellement du type primitif que par la taille et au lieu de nous montrer une différence croissante sous le rapport de la pointe génale et du nombre des lentilles, elle redevient identique avec ce type par ces deux élémens.

5. *Cheirurus claviger* Beyr. *(Syst. Sil. de Boh. I. p. 772. Pl. 40. 42.)* Cette espèce, très bien caractérisée, se trouve dans nos bandes **d 2—d 3—d 4**. Elle a donc existé pendant trois phases consécutives de la faune seconde. Nous ne remarquons d'autres différences que celles de la taille et de l'état de conservation, entre les individus qui correspondent à ces trois phases. Les plus développés parmi eux sont ceux qui représentent le type primitif, dans les quartzites du mont Drabov. Nous retrouvons à peu près la même taille dans divers exemplaires de la bande **d 4**, tandisque la plupart de ces derniers sont notablement plus petits.

Mais, dans la bande intermédiaire **d 3**, nous n'avons découvert que des spécimens relativement réduits dans leur taille, au-dessous de la moitié de celle que présentent les adultes du mont Drabov. Il semblerait donc, que cette espèce a éprouvé une réduction temporaire de ses dimensions, précisément sur l'horizon, où nous avons constaté un accroissement temporaire des dimensions de *Dionide formosa*. Ainsi, nous serions induit à penser, que ces variations en sens opposé ne sont pas dues uniquement à l'influence des circonstances ambiantes.

6. *Phacops fecundus* Barr. *(Syst. Sil. de Boh. I. p. 514. Pl. 21.)* Cette espèce nous présente la plus longue durée parmi toutes celles de notre division supérieure. Nous avons constaté sa présence dans les bandes: **e 2—f 2—g 1—g 2—g 3**, tandisqu'elle semble offrir une intermittence dans la bande **f 1**.

La forme typique que nous nommons, *communis*, apparaissant dans la bande **e 2**, est représentée sur cet horizon par un très grand nombre d'exemplaires. Elle se distingue des formes subséquentes par sa taille relativement plus petite et qui ne dépasse pas 55 mm.

Après l'intermittence signalée dans la bande **f 1**, cette espèce reparait dans la bande **f 2**, avec une taille au moins double, que nous avons indiquée par le nom de *Var. major.*

Cet accroissement extraordinaire des dimensions, nous semble constituer la seule différence appréciable entre cette forme et la précédente. Cependant, nous ferons observer, que les yeux paraissent être un peu plus volumineux et que le nombre des lentilles est aussi un peu plus considérable dans quelques exemplaires seulement, tandisqu'il se maintient entre les limites normales dans les autres. Le volume des yeux se fait surtout remarquer dans le jeune âge, et s'efface dans l'âge adulte.

Dans la bande **g 1**, la même espèce se manifeste sous une forme identique aux deux précédentes par tous les élémens du corps, mais intermédiaire entre elles par la taille. Comme elle est inférieure, sous ce rapport, à la *Var. major*, nous l'avons nommée *Var. degener*. Elle est représentée, comme la forme typique, par de très nombreux exemplaires, tandisque la *Var. major* est relativement rare.

Dans la bande **g 2**, les dimensions de ce Trilobite se réduisent notablement et elles ne dépassent guère les $\frac{2}{3}$ de celles de la forme typique. La plupart des spécimens offrent une taille encore plus réduite. Mais, les yeux maintiennent la grosseur plus considérable, que nous avons signalée dans les spécimens de la bande **f 2** et qui est aussi sensible dans la *Var. degener* dont nous venons de parler. Le nombre des lentilles varie entre les limites normales. Nous avons donné le nom de *Var. superstes* à la forme qui caractérise la bande **g 2** et dont les individus sont relativement rares.

Dans la bande **g 3**, *Phacops fecundus* reparaît avec les dimensions et toutes les apparences, qui caractérisent le *Var. major*, dans la bande **f 2**. Les spécimens de ces deux bandes sont tellement identiques, sous tous les rapports, qu'il nous serait impossible de les distinguer les uns des autres, sans le secours des apparences de la roche, dans laquelle ils se trouvent, les uns à Mnienian (**f 2**) et les autres à Hlubočep (**g 3**.)

La présence de cette *Var. major*, dans les calcaires de **g 3** à Hlubočep, a contribué à nous empêcher de reconnaître pendant plusieurs années, le véritable horizon de cette formation, ainsi que nous l'avons constaté dans notre *Déf. III. (p. 337.)*

En résumé, *Phacops fecundus*, qui offre la plus grande extension verticale dans notre division supérieure, nous permet de reconnaître dans sa forme 4 apparences différentes, sous le rapport de la taille seulement et du volume des yeux, sans modification sensible du nombre des lentilles. On doit remarquer, que ces diverses tailles se manifestent successivement suivant un ordre très irrégulier et sans aucun rapport avec l'ordre chronologique des formations. Par une singulière bizarrerie, la *Var. major* reparaît immédiatement après la variété la plus petite, ou *superstes*.

7. *Acidaspis Hoernesi* Barr. *(Syst. Sil. de Boh. I. p. 723. Pl. 38.)* se trouve dans nos bandes **f 2** et **g 1**. Les élémens de son corps restent identiques durant toute son existence. Nous constatons même, que les individus appartenant à ces deux bandes successives offrent, en général, les mêmes dimensions. Mais, dans une localité, à l'aval de Chotecz, nous avons recueilli dans les couches les plus élevées de **g 1**, plusieurs spécimens, qui sont semblablement réduits à une taille moitié moindre.

8. *Acidaspis derelicta* Barr. *(Syst. Sil. de Boh. I. p. 732. Pl. 37. et. Suppl. Pl. 7—9)* a été trouvée dans les bandes **g 1—g 2**. Les spécimens de la bande **g 1** offrent une taille au moins double de celle des individus de la bande **g 2**.

Les variations observées dans les Trilobites qui précèdent, se réduisent presque uniquement à des oscillations dans les dimensions de leur corps. Il nous reste maintenant à indiquer quelques autres variations, aussi peu importantes, parcequ'elles sont relatives aux élémens, que nous considérons comme dépendans de l'ornementation.

9. *Acidaspis Keyserlingi* Barr. *(Syst. Sil. de Boh. I. p. 708. Pl. 30)* n'a eté trouvée que dans notre bande des schistes très micacés **d 4** et dans un petit nombre de localités, aux environs de Béraun. Tous les spécimens connus présentent une complète identité dans les élémens caractéristiques de cette espèce. Mais, ils possèdent un nombre très variable de pointes secondaires, ou ornementales, entre les pointes principales du pygidium. Parmi les individus que nous avons figurés, ce nombre varie entre 4 et 10. On peut remarquer sur les figures, que cette variation n'est pas en rapport avec celle des dimensions du pygidium. On ne pourrait donc pas l'attribuer sûrement à une différence dans l'âge des exemplaires. La même observation s'applique à l'espèce suivante.

10. *Acidaspis Leonhardi* Barr. *(Syst. Sil. de Boh. I. p. 720. Pl. 37)* se trouve dans nos bandes **e 2—f 1—f 2**. Sur tous ces horizons, les spécimens paraissent complètement identiques dans les élémens de leur corps. Mais, quelques individus, provenant des calcaires de Dlauha Hora, appartenant à la bande **e 2**, s'écartent du type normal en ce que, au lieu de 4 pointes secondaires entre les pointes principales du pygidium, ils en présentent 3 ou 5. C'est la seule variation que nous ayons à signaler dans cette espèce. On remarquera, qu'elle se manifeste comme dans l'espèce précédente, entre des individus contemporains. Elle ne pourrait donc être attribuée, ni à l'influence du milieu ambiant, ni à celle des âges successifs dans la série géologique.

Rapports entre la taille des individus et le milieu ambiant.

Comme la variation des dimensions du corps est la principale modification que nous remarquons dans les Trilobites, que nous venons de passer en revue, il est important de s'assurer, si cette modification peut être attribuée à une commune influence, provenant du milieu ambiant. Dans ce but, nous avons dressé le tableau suivant, comprenant toutes les espèces de la faune seconde, qui nous montrent de notables variations dans leur taille. Nous indiquons pour chacune d'elles l'horizon qui correspond à la taille normale, au *maximum*, au *minimum*, ou à une taille moyenne, lorsqu'elle existe.

	Faune seconde				
	d 1	**d 2**	**d 3**	**d 4**	**d 5**
1. Acidaspis Buchi . . Barr.	norm.	norm.	norm.	max	norm.
2. Asaphus nobilis . . Barr.	norm.	. .	norm.	max.	norm.
3. Dionide formosa . . Barr.	norm.	. .	max.	. .	norm.
4. Dalmanites socialis Barr.	. .	norm.	norm.	moy	max.
5. Cheirurus claviger . Beyr.	. .	norm.	min.	norm.	. .

Ce tableau nous montre, que le *maximum* de la taille ne correspond pas invariablement à la même formation, bien qu'il se rencontre deux fois dans la bande des schistes micacés **d 4**. Cette observation nous prouve, que la nature du milieu ambiant n'est pas la cause unique des variations constatées dans les dimensions de quelques uns de nos Trilobites, qui ont joui de la plus grande extension verticale.

Nous présentons dans le tableau suivant, les résultats des observations analogues, sur quelques Trilobites de la faune troisième.

	Faune troisième									
	e 1	**e 2**	**f 1**	**f 2**	**g 1**	**g 2**	**g 3**	**h 1**	**h 2**	**h 3**
Acidaspis derelicta Barr.	.	norm.	.	max.	moy.	min.	max.	?	.	.
Acidaspis Hoernesi Barr.	.		.	norm.	{ norm. min.	.	.	.	.	.
Phacops fecundus Barr.	.	.	.	.	norm.	min.	.	.	.	.

La coïncidence de deux *minima* dans la bande **g 2**, tendrait à in diquer l'influence de cette formation, dans la réduction de la taille des Trilobites. Malheureusement, le petit nombre des espèces énumérées sur notre tableau ne permet pas d'attacher une grande valeur à cette observation.

En somme, les Trilobites de la Bohême ne permettent de constater aucune influence certaine et constante du milieu ambiant, sur la taille des individus d'une même espèce.

Résumé de cette étude sur les Trilobites.

1. Les Trilobites de Bohême, qui offrent dans leurs formes la trace de quelques variations, sont au nombre de 10. Comme nous connaissons aujourd'hui environ 350 espèces de cette tribu, dans notre bassin, on voit qu'il en reste environ 340, qui paraissent conserver une forme invariable, pendant toute la durée de leur existence. Ainsi, la constance dans les formes des Trilobites paraît être la loi générale, tandisque les variations observées ne constitueraient que de rares exceptions.

2. Les variations signalées, dans les espèces qui ont joui la plus grande extension verticale, sont relatives seulement: aux dimensions du corps, à la grosseur des yeux, au nombre correspondant des lentilles, au nombre des articulations visibles au pygidium et au nombre des pointes ornementales.

3. Ces variations ne sont pas permanentes, mais purement temporaires et, dans la plupart des cas, nous avons constaté le retour des derniers représentans de l'espèce à la forme typique, ou primitive. Ainsi, ces variations ne semblent être que des oscillations transitoires. Elles se manifestent quelquefois parmi des individus contemporains, et par conséquent, sans l'influence des âges géologiques.

4. Le développement *maximum* ou *minimum* dans la taille des espèces citées, n'ayant pas lieu sur un même horizon, on ne saurait l'attribuer uniquement à l'influence du milieu ambiant.

5. Parmi les 350 espèces de Bohême, il n'en existe aucune, qui puisse être considérée, comme ayant produit par ses variations une nouvelle forme spécifique, distincte et permanente. Ainsi, les traces de la transformation, par voie de filiation, sont complètement imperceptibles parmi les Trilobites qui caractérisent, soit nos faunes générales, soit leurs phases successives.

6. Les Trilobites des faunes normales de notre bassin ne nous présentant que des variations peu importantes et temporaires, nous ne devons pas être étonné de ne reconnaître aucune modification notable dans la forme des espèces coloniales, à l'époque de leur réapparition dans la faune troisième. Cette apparence constante ne saurait donc être invoquée contre le fait des colonies.

Appliquons maintenant aux Céphalopodes la même méthode d'investigation.

IV. Extension verticale des espèces de Céphalopodes.

I. Céphalopodes des colonies.

Dans le tableau qui suit, nous rangeons en 5 catégories les noms des Céphalopodes connus dans nos colonies, en indiquant pour chaque espèce les divers horizons, sur lesquels son existence a été constatée. Toutes ces espèces ont été déjà énumérées par nous dans les tableaux nominatifs, qui composent la première Section de notre travail sur la *Distribution des Céphalopodes siluriens.* 1870.

Nr.	Céphalopodes des colonies	Faunes siluriennes															
		I	II					III									
		C	D					E		F		G			H		
			d1	d2	d3	d4	d5	e1	e2	f1	f2	g1	g2	g3	h1	h2	h3
	Ière Catégorie. Espèces propres aux colonies.																
1	Cyrtoceras advena . Barr.	.	.	.	.	Col.	Col.	.	.	.	.	.	.	.	.	.	.
2	Orthoceras pristinum Barr.	.	.	.	.	.	+	.	.	.	.	.	.	.	.	.	.
3	Orth. semiannulatum . Barr.	.	.	.	.	.	+	.	.	.	.	.	.	.	.	.	.
4	Orth. sertiferum Barr.	.	.	.	.	.	+	.	.	.	.	.	.	.	.	.	.
5	Orth. testis . . Barr.	.	.	.	.	.	+	.	.	.	.	.	.	.	.	.	.
	2me Catégorie. 2 phases.																
1	Orthoceras caduceus Barr.	.	.	.	.	.	+	+	.	.	.	.	.	.	.	.	.
2	Orth. hastile . Barr.	.	.	.	.	.	+	+	.	.	.	.	.	.	.	.	.
3	Orth. penetrans Barr.	.	.	.	.	.	+	+	.	.	.	.	.	.	.	.	.

Nr.	Céphalopodes des colonies	Faunes siluriennes															
		I	II					III									
		C	D					E		F		G			H		
			d1	d2	d3	d4	d5	e1	e2	f 1	f 2	g1	g2	g3	h1	h2	h3
	3me Catégorie. 3 phases.																
1	Cyrtoceras plebeium Barr.	.	.	.	.	.	+	+	+	.	.	.	.	.	.	.	.
2	Orthoceras acuarium ? Münst.	.	.	.	.	.	+	.	+	.	.	.	.	.	.	.	.
3	Orth. alticola . Barr.	.	.	.	.	.	+	.	+	.	.	.	.	.	.	.	.
4	Orth. currens Barr.	.	.	.	.	.	+	.	+	.	.	.	.	.	.	.	.
5	Orth. dorulites Barr.	.	.	.	.	.	+	.	+	.	.	.	.	.	.	.	.
6	Orth. fasciolatum Barr.	.	.	.	.	.	+	.	+	.	.	.	.	.	.	.	.
7	Orth. Gruenewaldti Barr.	.	.	.	.	.	+	.	+	.	.	.	.	.	.	.	.
8	Orth. liberum Barr.	.	.	.	.	.	+	.	+	.	.	.	.	.	.	.	.
9	Orth. lupus . Barr.	.	.	.	.	.	+	.	+	.	.	.	.	.	.	.	.
10	Orth. Murchisoni Barr.	.	.	.	.	.	+	.	+	.	.	.	.	.	.	.	.
11	Orth. Panderi Barr.	.	.	.	.	.	+	+	+	.	.	.	.	.	.	.	.
12	Orth. pleurotomum Barr.	.	.	.	.	.	+	+	+	.	.	.	.	.	.	.	.
13	Orth. Saturni . Barr.	.	.	.	.	.	+	.	+	.	.	.	.	.	.	.	.
14	Orth. socium . Barr.	.	.	.	.	.	+	+	+	.	.	.	.	.	.	.	.
15	Orth. squamatulum Barr.	.	.	.	.	.	+	.	+	.	.	.	.	.	.	.	.
16	Orth. timidum Barr.	.	.	.	.	.	+	+	+	.	.	.	.	.	.	.	.
17	Orth. truncatum Barr.	.	.	.	.	.	+	+	+	.	.	.	.	.	.	.	.
18	Orth. zonatum Barr.	.	.	.	.	.	+	+	+	.	.	.	.	.	.	.	.
	4me Catégorie. 4 phases.																
1	Orthoceras dulce . Barr.	.	.	.	.	.	+	+	+	+	.	.	.	.	.	.	.
2	Orth. originale Barr.	.	.	.	.	.	+	+	+	.	.	.	.	.	.	.	.
3	Orth. repetitum Barr.	.	.	.	.	.	+	+	+	+	.	.	.	.	.	.	.
4	Orth. styloideum Barr.	.	.	.	.	.	+	+	+	+	.	.	.	.	.	.	.
5	Orth. taeniale Barr.	.	.	.	.	.	+	.	+	+	.	.	.	.	.	.	.
6	Orth. teres . . Barr.	.	.	.	.	.	+	.	+	+	.	.	.	.	.	.	.
7	Orth. valens . Barr.	.	.	.	.	.	+	+	+	+	.	.	.	.	.	.	.
	5me Catégorie. 5 phases.																
1	Orthoceras contumax Barr.	.	.	.	.	.	+	.	.	.	+	.	.	.	.	.	.
2	Orth. Michelini Barr.	.	.	.	.	.	+	.	+	.	+	.	.	.	.	.	.
3	Orth. subannulare Münst.	.	.	.	.	.	+	+	+	+	+	.	.	.	.	.	.

Le tableau qui précède se résume ainsi qu'il suit:

5 espèces ont existé dans les colonies seulement,
ou durant . . . . 1 phase,
3 espèces ont existé durant . . . . 2 phases,
18 3
7 4
3 5
36

Dans l'indication du nombre des phases, nous faisons abstraction des intermittences que présentent diverses espèces, qui ont dû exister ailleurs qu'en Bohême.

2. Céphalopodes des faunes normales.

Dans notre travail sur la distribution des Céphalopodes siluriens *(Syst. Sil. de Boh. II. 4me Sér. p. 170 et 207)*, nous avons déjà appelé l'attention sur les espèces de Céphalopodes, qui présentent la plus grande extension verticale dans notre bassin (p. 306—372. 8°). Nous allons reproduire leurs noms dans le tableau suivant, en les rangeant dans diverses catégories, d'après leur durée.

Nr.	Genres et Espèces	Faunes siluriennes															
		I	II					III									
		C	D					E		F		G			H		
			d1	d2	d3	d4	d5	e1	e2	f1	f2	g1	g2	g3	h1	h2	h3
	Ière Catégorie. 3 phases.																
1	Cyrtoceras aequale Barr.	.	.	.	.	.	.	.	+	.	+	.	.	.	.	.	.
2	Orthoceras fractum Barr.	.	.	+	.	+	.	.	.	.	.	.	.	.	.	.	.
3	Orth. placidum Barr.	.	.	.	.	.	.	+	+	+	.	.	.	.	.	.	.
4	Orth. pulchrum Barr.	.	.	.	+	.	.	.	.	.	+	+	+	.	.	.	.
5	Orth. Tiphys . Barr.	.	.	.	.	.	.	+	+	+	.	.	.	.	.		.
	2me Catégorie. 4 phases.																
1	Goniatites crispus . Barr.	.	.	.	.	.	.	.	.	.	+	.	.	+	.	.	.
2	G. fecundus Barr.	.	.	.	.	.	.	.	.	.	.	+	+	+	+	.	.
3	G. tabuloides Barr.	.	.	.	.	.	.	.	.	.	+	.	.	+	.	.	.
4	Orthoceras amaltheum Barr.	.	.	.	.	.	.	.	.	.	+	.	.	+	.	.	.
5	Orth. Bacchus Barr.	.	.	.	.	.	.	.	+	.	.	+	.	.	.	.	.
6	Orth. patronus Barr.	.	.	.	.	.	.	.	.	.	+	.	.	+	.	.	.
7	Orth. opimum Barr.	.	.	.	.	.	.	.	.	.	.	+	.	+	+	.	.
	3me Catégorie. 5 phases.																
1	Bactrites Sandbergeri Barr.	.	+	.	.	.	+	.	.	.	.	.	.	.	.	.	.
2	Goniatites plebeius Barr.	.	.	.	.	.	.	.	.	.	+	.	.	+	+	.	.
3	G. verna . Barr.	.	.	.	.	.	.	.	.	.	+	.	.	+	+	.	.
4	Orthoceras sodale . Barr.	.	+	.	.	.	+	.	.	.	.	.	.	.	.	.	.
5	Orth. expectans Barr.	.	+	.	.	.	+	.	.	.	.	.	.	.	.	.	.
6	Orth. pseudocalamiteum Barr.	.	.	.	.	.	.	+	+	+	+	+	.	.	.	.	.
	4me Catégorie. 6 phases.																
1	Orthoceras Agassizi Barr.	.	.	.	.	.	.	.	+	.	.	+	.	+	.	.	.
2	Phragmoceras Broderipi Barr.	.	.	.	.	.	.	.	+	.	.	.	.	+	.	.	.
	5me Catégorie. 7 phases.																
1	Orthoceras annulatum Sow.	.	.	.	.	.	.	+	+	.	.	.	.	?	.	.	.
	6me Catégorie. 8 phases.																
1	Orthoceras capillosum Barr.	.	.	.	.	.	.	+	+	.	.	+	+	.	+	.	.

Le tableau qui précède, se résume comme il suit:

5 espèces ont existé durant	3 phases,
7	4
6	5
2	6
1	7
1	8
22	

Pour plusieurs des espèces énumérées dans ce tableau, nous devons faire abstraction des intermittences, qui indiquent, qu'elles ont temporairement existé dans d'autres contrées.

V. Parallèle entre les Céphalopodes des colonies et ceux des faunes normales, sous le rapport de la durée des espèces.

Notre tableau p. 136 sur lequel toutes les espèces coloniales sont énumérées, constate qu'aucune d'elles ne se trouve dans la seule colonie enclavée dans la bande **d 4**, c. à d. dans la colonie Zippe. Ainsi, les Céphalopodes coloniaux ne remontent pas au delà de la bande **d 5**. Leur apparition en Bohême est donc postérieure à celle des Trilobites de la faune troisième, représentés par 4 espèces dans la colonie Zippe.

Nous ferons remarquer que, parmi les espèces coloniales, il y en a 5, composant la première catégorie, qui ne sont connues que dans les colonies de la bande **d 5**. Ainsi, leur existence paraît limitée à une seule phase, comme celle de la grande majorité des Céphalopodes, qui caractérisent nos faunes normales.

L'existence de ces 5 espèces, exclusivement propres aux colonies, suffit pour indiquer, que la faune coloniale, bien que liée avec la faune troisième par de très nombreuses connexions spécifiques, ne peut pas être considérée comme absolument identique avec celle-ci. L'extinction de ces 5 espèces, avant l'introduction de la faune troisième en Bohême, semble indiquer l'antériorité de la faune coloniale. Cette indication est en harmonie avec les relations stratigraphiques de ces deux faunes.

En comparant les résumés des deux tableaux, qui précèdent, nous voyons que, parmi les espèces coloniales, celles qui composent la seconde catégorie et qui n'ont existé que pendant 2 phases, sont comparables, sous ce rapport, à un grand nombre d'espèces de nos faunes normales. Nous avons jugé inutile de les énumérer ici, mais, on peut les trouver aisément sur nos tableaux nominatifs, composant la première Section de notre travail sur la *Distribution des Céphalopodes siluriens*, publié en 1870.

La même observation s'applique en partie à la 3me catégorie des espèces coloniales, qui ont traversé 3 phases. Mais, il faut remarquer, que cette catégorie renferme 18 espèces, c. à d. la moitié des formes coloniales, tandisque nous n'avons énuméré que 5 espèces des faunes normales, qui ont existé durant le même nombre de 3 phases.

Si nous comparons les espèces qui ont traversé 4 phases, nous voyons que leur nombre est de 7 dans les colonies comme dans les faunes normales.

Enfin, les espèces coloniales, qui offrent la plus longue durée, c. à d. 5 phases, sont seulement au nombre de 3, tandisque nous énumérons 6 espèces des faunes normales, qui offrent la même durée.

Jusqu'ici ce parallèle nous montre, que la durée des espèces coloniales est égalée par celle des Céphalopodes, qui appartiennent aux faunes normales. Mais, il existe, en outre, dans ces faunes normales, diverses espèces, qui paraissent avoir existé durant: 6—7—8 phases, tandisque dans les colonies nous ne connaissons aucune forme qui ait traversé plus de 5 phases.

Les résultats de ce parallèle sont rendus plus évidens par le tableau suivant:

	Nombre des phases traversées							
	1	2	3	4	5	6	7	8
Nombre des espèces coloniales	5	3	18	7	3	.	.	.
Nombres des espèces des faunes normales . .	.	.	5	7	6	2	1	1

D'après ces documens, il est évident que la durée des espèces coloniales n'a pas excédé celle des espèces propres aux faunes normales. Au contraire, nous connaissons dans ces faunes, en Bohême, quelques espèces dont la durée paraît avoir dépassé de beaucoup celle de toutes les formes connues dans nos colonies.

Ce résultat est en parfaite harmonie avec celui que nous avons obtenu ci-dessus (p. 144) en comparant les Trilobites.

Parallèle entre les Céphalopodes des colonies et ceux des faunes normales, sous le rapport des variations observées dans leur forme.

D'après la structure, la forme et les dimensions des coquilles des Céphalopodes, il est beaucoup plus difficile de trouver des individus entiers, parmi les fossiles de cet ordre, que parmi les Trilobites. La plupart des espèces coloniales ne sont représentées que par des fragmens plus ou moins incomplets. Mais, malgré cette circonstance défavorable, les identités spécifiques que nous avons admises, sont faciles à constater, parceque presque toutes les espèces assimilées présentent une forme ou des ornemens bien caractérisés et par conséquent faciles à reconnaître. Nous citerons comme exemples: *Orthoc. fasciolatum*, *Gruenewaldti*, *pleurotomum*, *zonatum*, *Saturni*, *originale* etc.

Les formes entièrement lisses sont celles dont la détermination est la plus difficile et elles pourraient donner lieu à quelque hésitation. Mais, dans presque tous les cas, il y a une telle ressemblance entre les Orthocères des colonies et ceux de notre étage **E**, qu'il serait impossible de les distinguer les uns des autres. La similitude des roches, dans lesquelles se trouvent ces divers fossiles, contribue encore à compléter les apparences de leur identité spécifique.

Dans ces circonstances, il nous serait impossible de constater la moindre différence entre les Orthocères des colonies et leurs homonymes dans la faune troisième.

D'un autre côté, les espèces de cette faune normale, qui se propagent à travers plusieurs bandes, ou plusieurs étages, suivant le tableau que nous venons de présenter (p. 157), restent identiques avec elles mêmes, dans toute leur extension verticale.

Au sujet de cette identité, nous devons faire remarquer, que les individus qui représentent chaque espèce sur un même horizon, offrent quelquefois de notables variations individuelles, tantôt dans leur angle apicial, tantôt dans leurs ornemens. Nous citerons comme exemples, sous le rapport des ornemens: *Orthoc. pseudocalamiteum*, dont nous avons figuré de nombreux exemplaires, surtout sur notre Pl. 278, et sous le rapport de l'angle apicial, *Orthoc. Bohemicum* Pl. 288—289.

Ces variations entre les individus contemporains étant aussi étendues que celles que nous observons sur des horizons successifs, nous ne pouvons pas attacher plus d'importance aux unes qu'aux autres. Aucune d'elles ne peut être considérée comme un premier pas fait dans la voie de la transformation, car toutes ces formes disparaissent en même temps, sans postérité reconnaissable.

Nous rappelons que, dans notre travail récemment publié sur la *Distribution des Céphalopodes*, nous avons constaté (p. 170—4°.) (p. 306—8°.) que, pour plusieurs de nos espèces, qui paraissent offrir la plus grande extension verticale, les spécimens de notre bande **g 3** sont fréquemment très incomplets et mal conservés. Ainsi, en les assimilant aux exemplaires bien conservés de notre étage **E**, nous devons prendre surtout en considération l'ensemble de leurs apparences extérieures.

Abstraction faite de ce cas, qui ne se présente que pour quelques Orthocères, nous sommes conduit par nos observations à considérer les Céphalopodes de notre faune troisième, comme n'ayant offert jusqu'ici aucune preuve certaine d'une variation permanente. En effet, aucun d'eux ne présente, durant les divers âges de son extension verticale, des individus plus différens entre eux que ceux qui coexistent sur le même horizon. Ainsi, toutes ces différences, d'une valeur équivalente à nos yeux, ne peuvent indiquer que de simples oscillations temporaires, dans divers sens, autour de la forme typique, qu'on pourrait dire douée d'une certaine élasticité.

Cette constance des formes spécifiques, qui ont joui de la plus longue durée dans nos faunes normales, confirme bien l'apparence invariable des espèces coloniales, observées à l'époque de leur réapparition dans la faune troisième.

Conclusions générales de ce Chapitre.

Dans les pages qui précèdent, nous nous sommes proposé de comparer les Trilobites et les Céphalopodes des colonies avec les Trilobites et les Céphalopodes des faunes normales, sous le double rapport de la durée des espèces et des variations qu'elles peuvent avoir subies dans leurs formes, entre les limites extrêmes de leur existence.

1. Sous le rapport de la durée des espèces, nous avons démontré par des documens positifs, que l'existence d'aucune espèce coloniale n'a égalé celle des espèces, qui offrent la plus grande extension verticale, dans nos faunes seconde et troisième.

2. Sous le rapport des variations de forme, nous avons constaté d'abord, que les espèces coloniales ne nous permettent de reconnaître aucune différence entre les individus des colonies et ceux de la faune troisième. En étudiant ensuite toutes les variations notables qu'on peut observer seulement sur 10 espèces de Trilobites, parmi les 350 qui caractérisent nos faunes normales, nous avons reconnu, qu'elles se réduisent à des oscillations temporaires, dans la forme de quelques élémens secondaires du corps, ou dans l'apparence des ornemens, de sorte que, dans presque tous les cas, nous pouvons observer le retour des derniers individus vers la forme typique ou primitive.

Les Céphalopodes ne nous permettent de constater entre les individus successifs d'une même espèce aucune variation plus prononcée que celles qui existent entre les individus contemporains.

3. Ainsi, d'un côté, les espèces coloniales, dans leur extension verticale, sont loin de franchir les limites de la durée des espèces, qui appartiennent uniquement aux grandes faunes normales.

D'un autre côté, la constance apparente des espèces coloniales dans leurs formes, à l'époque de leur réapparition dans notre bassin, ne semble être qu'un simple cas particulier de la constance des espèces, qui offrent la plus longue durée, dans nos faunes seconde et troisième.

En somme, nous n'observons, dans les espèces de nos colonies, aucune anomalie, qui les distingue des autres espèces siluriennes de la Bohême.

Chap. 9. **Discussion des combinaisons stratigraphiques proposées, pour faire disparaitre l'anomalie coloniale.**

Quelques savans très respectables, préoccupés par le désir de faire disparaître l'anomalie coloniale, ont suggéré diverses combinaisons stratigraphiques, très simples en apparence, et qui leur semblaient de nature à remplir ce but. Nous allons les exposer, en montrant qu'aucune d'elles n'atteint le but proposé.

I. Transposition de la limite entre les deux grandes divisions du Système Silurien, en Bohême.

Deux combinaisons diamétralement opposées ont été successivement proposées, en ayant recours à cette transposition.

L'une consisterait à abaisser la limite que nous avons adoptée entre nos deux divisions, et tendrait à comprendre toute la zone des colonies dans la division supérieure, en l'adjoignant à notre bande **e 1**, au lieu de la placer, comme nous l'avons fait, dans la division inférieure.

L'autre combinaison consisterait, au contraire, à élever la limite entre les deux divisions, de manière à comprendre la bande **e 1**, dans la division inférieure comme les colonies.

Malheureusement, ces deux combinaisons entraînent de graves inconvéniens et elles sont d'ailleurs inefficaces pour faire disparaître les difficultés que le phénomène des colonies a fait naître, au point de vue de l'orthodoxie paléontologique.

1. Remarquons d'abord, qu'en abaissant la limite des deux divisions jusqu'au dessous des colonies, on incorpore à la division supérieure, jusqu'ici parfaitement caractérisée par la faune troisième, toute la bande **d 5** et une partie de la bande **d 4**, qui sont également bien caractérisées par deux phases successives de la faune seconde. Ainsi, au point de vue paléontologique, notre faune troisième perdrait complètement son homogénéité. Elle deviendrait équivalente à la faune troisième et à une partie de la faune seconde des contrées étrangères et notamment de la contrée typique d'Angleterre. Nous ne pourrions donc plus invoquer ce grand fait, établi depuis longtemps dans la science, que les faunes générales siluriennes se correspondent sur toute la surface du globe. La science retomberait en partie dans la confusion d'où elle a été tirée par notre illustre maître et ami, Sir Rodérick Murchison, lorsqu'il a fondé le système silurien, comme constitué par deux divisions très distinctes par leurs faunes.

2. En faisant remonter la limite des deux divisions, de manière à comprendre dans notre division inférieure, soit notre étage **E** tout entier, soit seulement notre bande **e 1**, on rencontrerait un inconvénient équivalent, en sens opposé.

En effet, notre faune seconde, telle que nous la connaissons, entre les limites actuelles de notre division inférieure, correspond parfaitement, par sa composition zoologique, à la faune seconde de toutes les contrées siluriennes du globe.

D'un autre côté, nous avons démontré en 1865, dans notre *Déf. des Col. III. p. 177*, que la faune de notre étage **E** représente à elle seule à peu-près toutes les phases de la faune troisième, qui existent, soit dans la contrée typique d'Angleterre, soit dans les régions du Nord de l'Europe.

Par conséquent, en incorporant notre étage **E** à la division inférieure, cette division renfermerait à la fois l'équivalent complet de la faune seconde de tous les pays siluriens et en même temps l'équivalent presque aussi complet de leur faune troisième. Ainsi, la confusion produite par cette seconde combinaison, ne serait pas moindre que celle qui résulterait de la première.

3. Si l'on se bornait à incorporer notre bande **e 1** à notre division inférieure, les inconvéniens signalés continueraient à se manifester, d'une manière presque aussi grave. En effet, il existe des connexions spécifiques si multipliées entre nos bandes **e 1**—**e 2**, qu'on ne peut s'empêcher de les considérer comme représentant deux phases successives de la faune troisième. Ainsi, nous avons récemment constaté que, parmi les 149 formes de Céphalopodes, qui caractérisent la bande **e 1**, il y en a 68 c. à d. presque la moitié, qui se propagent dans la bande **e 2**. Les autres classes des Mollusques nous offrent des connexions semblables entre ces deux bandes. Au contraire, il n'existe, pour ainsi dire, aucune espèce commune à la bande **e 1** et à la bande **d 5** proprement dite, abstraction faite des formes coloniales. Par conséquent, la réunion de ces deux bandes, **d 5**—**e 1**, dans la division inférieure, aurait également pour résultat de constituer, en Bohême, une faune seconde hétérogène, comme dans la combinaison précédente.

Voilà quelques uns des graves inconvéniens, qu'entraînerait la transposition de la limite que nous avons établie entre nos deux divisions siluriennes et nous pouvons nous dispenser d'en citer d'autres, qui résulteraient de ces combinaisons.

Maintenant, on doit se demander, si, en se soumettant à ces inconvéniens, on pourrait du moins avoir la satisfaction de faire évanouir les embarras, que le phénomène colonial a fait naître pour l'orthodoxie géologique. Il est aisé de se convaincre que, même au prix de la confusion qui vient d'être signalée, le but des combinaisons anti-coloniales ne serait nullement atteint.

Rappelons nous en effet, que toutes les colonies ne sont pas situées sur le même horizon et qu'elles sont verticalement étagées au moins sur 4 niveaux différens. Entre ces horizons, nous trouvons la faune seconde occupant les formations interjacentes. En outre, la dernière phase de cette faune reparaît encore, avec une grande fréquence d'individus, au-dessus des colonies placées sur l'horizon le plus élevé. En d'autres termes, il existe diverses alternances entre la faune seconde et la faune coloniale, c. à d. la faune troisième.

Or, l'existence de ces alternances est précisément le phénomène, qui semble obscurcir, aux yeux des savans orthodoxes, la distinction entre les faunes seconde et troisième, telle qu'on l'observe dans les autres contrées siluriennes, où l'on ne voit apparaître la première phase de la faune troisième, qu'après l'extinction totale de la faune seconde.

Mais, ces alternances étant aujourd'hui un fait bien constaté, à l'égal de tout autre fait stratigraphique, admis sans contestation dans la science, toute combinaison quelconque serait impuissante à paralyser ses effets. Il resterait toujours la difficulté qui se présentait dès l'origine, lorsque nous avons signalé l'existence de ce phénomène. On aurait donc à résoudre, dans tous les cas, comme par le passé, la série des questions suivantes:

1. D'où sont venus les avant-coureurs de la faune troisième dans nos colonies, au temps où la faune seconde florissait en Bohême et occupait tout notre bassin?

2. Pourquoi ces avant-coureurs de la faune troisième, au lieu d'être mêlés avec les espèces caractéristiques de la faune seconde, se montrent-ils invariablement cantonnés dans des enclaves distinctes, très limitées dans le sens horizontal et encore plus restreintes dans le sens vertical?

3. Pourquoi ces enclaves sont-elles principalement composées de schistes graptolitiques, renfermant habituellement des sphéroides calcaires, tandisque ces schistes et ces sphéroides ne se rencontrent pas parmi les formations qui contiennent la faune seconde, soit sur l'horizon des enclaves, soit dans les couches sédimentaires interjacentes entre les colonies.

4. Pourquoi la faune coloniale disparaît-elle chaque fois, lorsque les schistes à Graptolites et les nodules calcaires viennent à disparaître?

5. Comment la faune coloniale a-t-elle pu échapper aux causes de destruction, qui ont complètement anéanti la faune seconde dans notre bassin?

6. En quels parages les espèces coloniales, chaque fois qu'elles ont disparu de la Bohême, ont-elles continué à exister, durant le dépôt d'une partie de la bande **d 4** et de toute la bande **d 5**?

7. Où se trouvait la faune coloniale, pendant le dépôt de la formation culminante de la bande **d 5**, composée de schistes et de quartzites, qui ne présentent aucune trace quelconque de fossiles de nature animale?

8. Par quel privilége, la faune coloniale, après une longue absence, mesurée par la puissance de cette formation culminante de **d 5**, qui s'élève par fois à 100 mètres, a-t-elle pu reparaître seule dans notre bassin, sans ramener avec elle aucune des formes caractéristiques de la faune seconde, telles que *Trinucleus*, *Asaphus* etc. qui coexistaient auparavant sur les mêmes horizons, avec les colonies, durant le dépôt des bandes **d 4** et **d 5**?

9. Par quelle combinaison de circonstances physiques et zoologiques, les formes caractéristiques de la faune troisième ont-elles reparu dans la bande **e 1**, avec les mêmes schistes à Graptolites et les mêmes sphéroides calcaires, qui renferment leurs avant-coureurs dans les colonies?

En un mot, quelle que soit la combinaison stratigraphique qu'on veuille imaginer, pour échapper aux conséquences du fait incontestable de l'alternance des phases extrêmes et successives de la faune seconde et de la faune troisième, on se trouvera toujours en présence des questions que nous venons de rappeler. Nous avons essayé dès 1851 de donner une solution provisoire de ces questions, par notre interprétation connue. *(Bull. Soc. Géol. de France. Sér. 2. Vol. VIII. p. 150.)* Comme cette interprétation nous paraît rendre compte de toutes les circonstances du phénomène, d'une manière plus complète et plus plausible, que toutes les autres explications, qui ont été suggérées depuis cette époque, nous croyons devoir la maintenir et nous allons la reproduire sur les pages suivantes.

II. Etablissement d'un silurien moyen, en Bohême, pour éluder les difficultés des colonies.

Une troisième combinaison a été imaginée pour éluder les difficultés, qui dérivent de l'existence de nos colonies. Elle consisterait à isoler de la division inférieure la zone coloniale et à l'associer avec notre bande **e 1**, base de la division supérieure, pour constituer un groupe stratigraphique, correspondant à celui que quelques géologues ont nommé *silurien moyen*, en Angleterre.

Nous ferons d'abord observer, que les autorités les plus compétentes n'admettent pas cette division moyenne, tardivement introduite dans le système silurien, sans aucun avantage pour la science.

L'illustre fondateur du système silurien, Sir Rodérick Murchison, dans la dernière édition de la *Siluria*, en 1867, considère, il est vrai, les formations de Llandovery, comme offrant une transition entre les deux grandes divisions siluriennes. Mais, sur la page 508, il constate lui-même: „Qu'il a clairement indiqué dans son texte la distinction entre ces formations, en montrant que les roches du Llandovery inférieur s'unissent naturellement avec la division inférieure et les roches du Llandovery supérieur avec la division supérieure du système silurien.“

M. le Prof. Ramsay est encore plus explicite à ce sujet, en exposant les résultats des recherches du *Geological Survey*, dans le Pays de Galles. *(Mem. of the Geol. Surv. III. p. 15 —230. 1866.)*

Cet éminent stratigraphe base la séparation des deux formations nommées Llandovery inférieur et Llandovery supérieur, sur des motifs stratigraphiques et paléontologiques, qui l'ont porté à incorporer l'une de ces formations à la division silurienne inférieure et l'autre à la division supérieure.

La distinction stratigraphique entre ces deux formations est très prononcée, car elle consiste dans une discordance absolue de stratification entre le Llandovery supérieur et tous les groupes sous-jacens.

La distinction paléontologique n'est pas aussi tranchée, mais elle est cependant très sensible, d'après les documens numériques, que nous exposons dans le tableau suivant et que nous avons déduits du tableau des faunes de Llandovery, publié par M. M. Ramsay et Etheridge, dans le volume cité p. 231.

	Espèces			
	distinctes dans chaque formation	communes aux deux formations	communes avec la faune II.	communes avec la faune III.
Llandovery supérieur (May-Hill)	85	. .	47	55
		66		
Llandovery inférieur .	72	. .	54	35

Ce tableau montre, que les connexions spécifiques entre les deux formations de Llandovery sont relativement très nombreuses. Mais, les dernières colonnes font voir, que les formes de la faune seconde prédominent dans le groupe inférieur, tandisque les formes de la faune troisième prédominent, au contraire, dans le groupe supérieur.

D'après l'ensemble de ces considérations stratigraphiques et paléontologiques, il est donc très naturel, que le groupe inférieur de Llandovery ait été incorporé à la division silurienne inférieure, comme le groupe de Llandovery supérieur, ou May-Hill, à la division supérieure. La combinaison superflue du silurien moyen semble donc devoir disparaître de la science.

Mais, dans tous les cas, il est aisé de reconnaître, que le groupe composé de notre zone coloniale et de notre bande **e 1**, contraste par ses caractères stratigraphiques et paléontologiques avec l'ensemble des formations de Llandovery, malgré l'analogie que présente leur position semblable entre les deux grandes divisions siluriennes.

Nous rappelons d'abord, qu'il existe une parfaite concordance de stratification entre les enclaves coloniales et les formations ambiantes de notre bande **d 5**, comme entre celles-ci et les formations qui constituent notre bande **e 1**.

En outre, au lieu des deux formations superposées de Llandovery, qui sont liées ensemble par des connexions spécifiques relativement nombreuses, notre zone coloniale consiste dans diverses alternances de formations entièrement distinctes par leurs faunes, sans qu'il existe entre elles des connexions dues à la propagation d'espèces identiques, si l'on considère cette série d'alternances, suivant le sens vertical. Au contraire, on voit même ces faunes contrastantes des enclaves coloniales et de la bande **d 5**, coexister sur un même horizon, sans se mêler l'une avec l'autre.

On remarquera d'ailleurs, qu'en associant la zone coloniale avec la bande **e 1**, les alternances de la dernière phase de la faune seconde avec la première phase de la faune troisième continuent à exister, tout aussi bien qu'avant cette combinaison stratigraphique. Par conséquent, lors même qu'on adopterait le nom de *Silurien moyen* pour ce groupe de formations hétérogènes, on se trouverait toujours en présence des difficultés inévitables, qui résident dans ces alternances et que nous venons d'énumérer, à l'occasion des deux autres combinaisons proposées. Ainsi, la troisième combinaison qui nous occupe, serait, comme les deux précédentes, d'un effet totalement nul pour la solution de la question coloniale.

Chap. 10. **Interprétation des colonies.**

Nous concevons que, pendant l'existence des dernières phases de la faune seconde en Bohême, les premières phases de la faune troisième étaient déjà plus ou moins développées dans une contrée étrangère, jusqu'ici inconnue.

A partir de ce centre de création ou de diffusion, des migrations auraient eu lieu, à diverses époques, vers la Bohême, principalement durant le dépôt de notre bande **d 5**, qui est très puissante. Chaque fois, ces migrations auraient donné naissance aux colonies placées sur un même horizon et apparaissant constamment dans des schistes à Graptolites, presque partout accompagnés par des coulées de Trapps, et renfermant fréquemment des sphéroides calcaires.

Par suite de circonstances défavorables et notamment par la cessation de ces dépôts schisteux et calcaires, toutes ces colonies n'auraient joui que d'une existence relativement courte dans notre bassin, pendant qu'il était occupé par notre faune seconde.

Les apparitions coloniales coïncidant constamment avec les dépôts graptolitiques, nous sommes porté à attribuer également les unes et les autres à l'influence de courans, provenant des mêmes parages.

L'introduction de ces courans intermittens, dans le bassin isolé de la Bohême, semble avoir été provoquée par les oscillations du sol, en relation avec les déversemens de Trapps, très fréquens dans la bande **d 5**, comme dans la bande **e 1**.

Dans tous les cas, les espèces coloniales ont apparu sur divers horizons, sans pouvoir s'établir définitivement en Bohême, pendant la dernière phase de la faune seconde. Mais, après l'extinction totale de cette faune, et après une intermittence prolongée, pendant laquelle notre bassin semble avoir été désert, une nouvelle immigration, provenant du même centre étranger, aurait envahi la mer de Bohême et s'y serait finalement établie, par suite de circonstances plus favorables et plus stables.

Cette introduction définitive, constituant la première phase de notre faune troisième, aurait eu lieu durant le dépôt de notre bande **e 1**, base intégrante de notre division supérieure et composée, comme les enclaves coloniales, de schistes à Graptolites, renfermant des sphéroides calcaires et alternant avec des coulées de Trapps.

Il est clair, que cette interprétation repose principalement sur la supposition des migrations. Mais, comme la plupart des géologues ont actuellement recours à l'intervention de cette cause, pour expliquer les fréquentes intermittences des espèces, qu'on observe dans les terrains de tous les âges, nous sommes dispensé de présenter des argumens en faveur du principe, d'où dérive notre hypothèse.

Cependant, nous devons rappeler quelques circonstances qui concourent à montrer, que la Bohême se prête plus qu'aucune autre contrée à l'application de la doctrine des migrations.

1. Nous avons constaté en diverses occasions, que notre bassin silurien était séparé par des barrières naturelles de l'océan contemporain, qui couvrait la grande zone septentrionale d'Europe et d'Amérique. Ainsi, dans le mémoire que nous avons publié en 1868, sur la faune silurienne des environs de Hof, nous avons exposé une partie des documens, qui constatent cet isolement. De même, dans nos études sur la distribution des Céphalopodes siluriens, nous avons récemment fait remarquer, que les rares connexions spécifiques, qui existent entre la Bohême et les contrées du Nord de l'Europe, indiquent la séparation, si non absolue, du moins relative de notre bassin. *(Syst. Sil. de Boh. Vol. II. Sér. IV. p. 184)(8⁰ p. 332).*

Mais, l'existence de quelques espèces, qui sont communes à la Bohême et aux contrées du Nord, et qui représentent les diverses classes des Mollusques, nous a fourni l'occasion de reconnaître, qu'il avait dû exister des communications temporaires entre ces diverses régions.

Or, il est intéressant de remarquer, que l'époque la plus caractérisée par la coexistence d'espèces identiques, sur les grandes zones comparées, correspond précisément aux premières phases de la faune troisième, c. à d. aux phases, qui nous montrent une si intime consanguinité spécifique avec la faune coloniale. Nous avons d'ailleurs constaté, que plusieurs de ces formes identiques ont aussi existé dans nos colonies.

Ainsi, l'isolement habituel de la Bohême, durant la période silurienne, constituait une circonstance prépondérante, par laquelle notre bassin se trouvait comme prédisposé par la nature, pour l'accomplissement du phénomène des colonies. Ce phénomène pouvait se répéter toutes les fois que les oscillations du sol ouvraient une communication temporaire entre cette mer isolée et l'océan des contrées septentrionales.

2. Bien que les colonies nous présentent les exemples les plus remarquables d'intermittences spécifiques en Bohême, nous avons démontré en 1868, dans notre Mémoire sur la *Réapparition du genre Arethusina*, qu'il existe aussi dans notre bassin, un nombre assez notable de genres et d'espèces également intermittens et qui appartiennent aux diverses classes de nos fossiles. Nous avons particulièrement appelé l'attention sur 5 espèces, savoir: 4 Trilobites et 1 Céphalopode, qui après avoir existé durant le dépôt de notre bande **d 1**, c. à d. dans la première phase de la faune seconde, ont complètement disparu durant le dépôt de nos bandes **d 2—d 3—d 4**, pour ne reparaître que dans la bande **d 5**, c. à d. dans la dernière phase de la même faune.

Or, la réapparition de ces 5 espèces coïncide précisément avec l'époque pendant laquelle presque toutes nos colonies se sont introduites dans notre bassin.

Il serait difficile de méconnaître l'analogie qui existe entre ces deux phénomènes, qui jettent l'un sur l'autre, par leur coïncidence, une utile lumière. Bien que le mélange des 5 espèces en question, avec la faune seconde, à laquelle elles avaient antérieurement appartenu, contraste avec le cantonnement isolé des espèces coloniales, ces réapparitions concourent également à constater, que le bassin de la Bohême était alors en communication avec les autres mers voisines.

Mais, si les 5 espèces de notre bande **d 1**, après avoir disparu de notre bassin, durant un immense laps de temps, ont été ramenées en Bohême par la seule influence de circonstances naturelles, quelconques, il serait peu rationnel de se refuser à admettre, que de semblables circonstances ont pu introduire dans notre bassin, à plusieurs reprises, durant le dépôt de la même bande **d 5**, les espèces également intermittentes de la faune coloniale.

3. Il resterait à reconnaître, pour compléter cette interprétation, qu'elle est la contrée d'où sont venues les espèces qui constituent cette faune.

Cette question ne peut pas être résolue, dans l'état actuel de nos connaissances. Mais, cet inconvénient est exactement le même que celui qui se présente, si l'on se demande, qu'elle est la contrée où les 5 espèces comparées, ont continué à exister pendant leur intermittence en Bohême.

4. Bien que nous soyons loin de pouvoir apprécier les ressources que possède la nature, pour préparer les migrations et pour ouvrir une voie sûre aux colonies, même jusqu'aux régions les plus lointaines, il nous suffit de rappeler quelques faits, qui feront concevoir l'efficacité des causes naturelles, en pareilles circonstances.

Un habile observateur, M. de Gruenewaldt, a recueilli dans les calcaires de Bogosslowsk, dans l'Oural, 13 espèces de Brachiopodes, identiques avec celles qui caractérisent notre faune troisième et dont la plupart existent dans notre étage calcaire moyen **F**, à Konieprus. *(Verstein. der silur. Kalkst. von Bogosslowsk — Mém. des Sav. étrang. — Acad. de St. Pétersbourg. 1854. p. 615.)* Sans cette découverte, bien constatée, quel est le paléontologue, qui aurait pu soupçonner l'existence de semblables connexions spécifiques entre les contrées de la Bohême et de l'Oural? Nous pouvons aussi penser que, si l'on explorait la formation qui a fourni ces 13 espèces, comme nous avons exploité les formations correspondantes en Bohême, nous pourrions nous attendre à une notable augmentation des identités paléontologiques, qu'elles renferment.

5. La science est en possession d'autres faits analogues. Ainsi, dans nos récentes études sur la distribution des Céphalopodes siluriens, nous avons constaté, que certaines espèces d'Orthocères, bien caractérisées, et communes à diverses régions du Nord de l'Europe, se retrouvent dans les Etats de New-York, de Wisconsin et d'Illinois, tandisqu'elles semblent ne pas exister dans le Canada, c. à d. dans une contrée qui occupe une position intermédiaire. *(Syst. Sil. de Boh. Vol. II. Série IV. p. 192)* (8⁰ p. 347) Cet exemple nous montre comme le précédent que, dans la diffusion des espèces, la nature sait s'affranchir de l'obstacle qu'opposent les distances géographiques.

6. Les savans ont aussi remarqué comme nous, dans les notices de M. le Prof. M'Coy, relatives aux fossiles exposés à Londres en 1862 et à Paris en 1867, que ce savant annonce la découverte en Australie, de diverses espèces de Graptolites du Canada, dont les formes singulières et nouvelles ont été illustrées dans le beau travail de M. le Prof. J. Hall, connu de tous les paléontologues.

7. Nous nous bornons à citer ces exemples, parcequ'ils sont relatifs aux faunes siluriennes. Mais, les savans se rappèleront bien d'autres faits semblables, que nous pourrions également invoquer, en remontant à l'époque du dépôt du calcaire carbonifère et de certains étages du terrain crétacé. On sait, en effet, que ces formations renferment diverses espèces, très bien caractérisées et dont la diffusion générale sur le globe atteste hautement l'étendue des migrations.

Conclusions de cette étude.

Ainsi, d'un côté, nous savons que le bassin silurien de la Bohême était relativement isolé et séparé des autres régions, sur lesquelles ont successivement existé les trois faunes générales, qui caractérisent cette période.

D'un autre côté, divers faits, bien établis dans la science, nous montrent la coexistence d'un certain nombre d'espèces identiques, sur des horizons comparables, dans des contrées géographiquement très espacées. Cette coexistence ne saurait s'expliquer que par l'effet de migrations.

Par conséquent, il est rationnel de recourir au phénomène des migrations, pour expliquer l'introduction réitérée, dans la Bohême, des espèces qui caractérisent également nos colonies et les premières phases de notre faune troisième.

Il n'est pas moins rationnel d'attribuer aux oscillations du sol les intermittences des apparitions coloniales, durant l'existence de la dernière phase de la faune seconde, dans la bande **d 5**, car cette époque et celle qui correspond à la première phase de la faune troisième dans la bande **e 1**, sont semblablement caractérisées par la fréquence des déversemens de trapps, dans notre bassin.

Notre interprétation des colonies repose donc uniquement sur la combinaison de deux ordres de phénomènes, qui sont également habituels dans la nature et dont nous voyons les traces dans toute la hauteur de la série géologique.

Cependant, nous prions les savans de bien remarquer, que nous avons toujours exposé cette interprétation de l'origine de nos colonies, comme purement intuitive et hypothétique. Nous ajouterons, que nous serions heureux, si quelque savant mieux inspiré que nous, pouvait nous suggérer une autre interprétation quelconque, expliquant mieux que la nôtre tous les faits observés dans notre bassin.

Hypothèse de l'introduction des fossiles coloniaux à l'état de dépouilles mortes.

On pourrait peut-être penser, que les fossiles de nos colonies ont été introduits par les courans, à l'état de dépouilles mortes et que les individus qu'ils représentent, n'ont pas vécu sur place, dans notre bassin.

A cette conception, nous opposons les observations suivantes:

1. Les fossiles de nos colonies, quoique souvent incomplets, sont très bien conservés, à l'exception de quelques empreintes de Graptolites, qui se trouvent dans les schistes impurs, très friables et dont la surface est terreuse. En faisant abstraction de cette exception, nous voyons que les fragmens de Trilobites et les coquilles de tous les mollusques présentent habituellement sur leur surface les ornemens les plus délicats. Aucun d'eux ne nous montre la trace des frottemens inévitables, durant le transport supposé par des courans, venant de parages plus ou moins éloignés.

Comme les apparences de ces fossiles ne diffèrent en rien de celles des fossiles analogues de la bande **e 1**, tout nous porte à croire, qu'ils représentent, aussi bien les uns que les autres, des individus, qui ont existé dans la localité, où nous découvrons leurs dépouilles. Les spécimens complets dans la bande **e 1** sont aussi très rares, en comparaison des myriades de fragmens, au milieu desquels ils se trouvent.

2. Les courans qui auraient introduit en Bohême les fossiles des colonies, à l'état de dépouilles mortes, auraient pu aussi bien y amener les individus correspondans, à l'état vivant, surtout les Céphalopodes, qui sont des mollusques pélagiques, doués d'un grand pouvoir de locomotion.

3. Dans tous les cas, l'introduction en Bohême des espèces de la faune coloniale, c. à. d. de la faune troisième, même à l'état de dépouilles mortes, indiquerait tout aussi bien que l'introduction des individus vivans, l'existence de cette faune dans une contrée étrangère, pendant le dépôt de nos bandes **d 4—d 5**, c. à d. durant l'existence de la faune seconde.

Ainsi, la coexistence partielle des faunes seconde et troisième siluriennes n'en resterait pas moins démontrée par les colonies de notre bassin.

D'après ces considérations, nous ne croyons devoir modifier en rien notre interprétation qui précède, ni les conclusions qui en dérivent.

Chap. 11. **Résumé des études qui précèdent.**

Les faits que nous venons d'exposer, pour établir les caractères principaux ou constituans des colonies siluriennes de la Bohême, peuvent se résumer ainsi qu'il suit:

1. Sous les rapports topographiques.

Bien que les enclaves coloniales, dans leur apparence actuelle, ne représentent pas une formation continue, leur distribution horizontale, subrégulière, autour du bassin calcaire, figure une zone bien déterminée et concentrique à ce bassin, comme les zones ou bandes, qui constituent notre étage des quartzites **D**. Ainsi, il y a harmonie entre la configuration topographique de la zone coloniale et celle des autres zones concentriques de notre division inférieure.

Cette harmonie contribue à nous montrer, que tous ces dépôts sont également normaux et successifs, suivant l'ordre de leur superposition.

2. Sous les rapports pétrographiques.

Chacune des zones ou bandes concentriques de notre étage **D** n'est pas composée d'une seule roche continue et homogène, dans toute son étendue horizontale et verticale. Au contraire, chacune d'elles, et principalement la bande **d 5**, est constituée par un ensemble plus ou moins complexe de dépôts, dont la forme est largement lenticulaire. Ces dépôts consistent en schistes et en quartzites. Mais, tantôt chacune de ces roches se montre seule ou prédominante, tantôt elles sont associées et alternantes, suivant diverses proportions et elles offrent des apparences pétrographiques très variées.

Des coulées de Trapps sont intercalées entre ces dépôts sédimentaires, sur divers horizons et elles se font surtout remarquer par leur fréquence, dans la hauteur de la bande **d 5**, qui renferme presque toutes les colonies.

Ainsi, l'introduction des enclaves coloniales, lenticulaires, ne déroge point au régime habituel, qui présidait au dépôt des formations de notre étage **D**. Seulement, la première apparition des schistes à Graptolites, dans ces enclaves, nous montre l'intervention d'une nouvelle source de sédimens, antérieurement inconnus dans notre bassin.

Cette source était intermittente comme celles, qui fournissaient alternativement les dépôts de schistes et de quartzites, constituant notre division inférieure. On peut donc présumer, que le courant introduisant en Bohême la matière des schistes à Graptolites, provenait d'une région différente, jusqu'alors sans communication directe avec notre bassin. Mais, ce courant alternait lui même avec ceux qui amenaient les dépôts de schistes et de quartzites.

En somme, puisque d'un côté, les bandes de l'étage **D** et principalement la bande **d 5**, renferment des coulées de Trapps comme les colonies, et puisque d'un autre côté, les enclaves coloniales contiennent aussi des couches de schistes et de quartzites, comme les bandes de l'étage **D**, la composition pétrographique des colonies ne diffère de celle des autres zones concentriques de cet étage que par l'introduction du seul élément nouveau, que nous venons de signaler, c. à d. des schistes à Graptolites.

Nous n'avons pas besoin de rappeler aux géologues exercés, qu'une semblable introduction d'un nouvel élément pétrographique, par des intermittences successives et plus ou moins rapprochées, est un phénomène qu'on observe souvent dans la série verticale des terrains de tous les âges et dans tous les pays.

3. Sous les rapports stratigraphiques.

Toutes les enclaves coloniales figurent des lentilles plus ou moins étendues, suivant le sens horizontal, et intercalées en stratification concordante, entre les couches des bandes, ou formations, qui constituent notre étage **D**, à l'exception de celles qui sont situées près de Mottol et de Béranka.

L'exception locale, que nous indiquons, est le résultat d'une perturbation très limitée en surface et qui consiste en ce que les couches de la bande **d 4** avaient été partiellement redressées sur ce point, avant le dépôt des enclaves coloniales mentionnées.

Abstraction faite de cette exception, unique sur la zone coloniale, la concordance stratigraphique entre les colonies et les formations ambiantes est un fait général et normal. Ce fait contribue plus que tous les autres à démontrer, que les colonies doivent leur origine à des dépôts contemporains de ceux qui constituent les formations de notre étage **D**, placées sur le même horizon.

Ce fait a été annoncé par nous dès l'origine, comme fondement de notre conception des colonies. On sait qu'il a été longtemps contesté; mais, il est aujourd'hui reconnu par les observateurs, à l'attention desquels il avait échappé, durant leurs premières explorations de notre bassin. Voir ci-dessus (p. 80).

4. Sous les rapports paléontologiques.

La faune coloniale est totalement distincte et différente de la faune seconde, considérée, soit dans ses phases antérieures, soit dans ses phases contemporaines. Nous observons seulement, dans un petit nombre de colonies, le mélange de quelques espèces caractéristiques de la faune seconde avec celles de la faune coloniale.

Ce fait constitue une exception, mais il mérite d'être remarqué, parcequ'il contribue puissamment à démontrer la contemporanéité des deux faunes comparées. On conçoit d'ailleurs, qu'un semblable mélange n'a pas pu être opéré par des perturbations du terrain, postérieures au dépôt des couches sédimentaires.

La faune coloniale, considérée dans son ensemble, représente la faune troisième de notre bassin. Mais, nous devons rappeler, à ce sujet, divers faits importans.

1. D'abord, les colonies possèdent un certain nombre d'espèces qui leur sont exclusivement propres, c. à d. qui n'ont jamais été observées, ni dans notre faune seconde, ni dans notre faune troisième. Nous avons cité ci-dessus (p. 128) divers Céphalopodes et Graptolites, qui appartiennent à cette catégorie.

2. Parmi les espèces coloniales et principalement parmi les Graptolites, plusieurs ont existé dans la faune seconde des contrées étrangères et notamment en Angleterre, tandisqu'en Bohême, elles ne se trouvent que dans la faune troisième et dans les colonies. Nous en avons déjà énuméré plusieurs en 1860, dans notre mémoire intitulé: *Colonies (Bull. Soc. Géol. de France. T. XVII. p. 645*) et d'autres ci-dessus (p. 131).

3. La faune coloniale, quoique représentant dans son ensemble la faune troisième, n'est identique, ni avec la phase de cette faune, qui est renfermée dans notre bande **e 1**, ni avec la phase qui caractérise notre bande **e 2**.

A cette occasion, il convient de remarquer un fait singulier, constaté ci-dessus (p. 138) savoir: que les connexions spécifiques entre les colonies et la bande **e 1**, composée de roches semblables et la plus rapprochée suivant le sens vertical, sont beaucoup moins nombreuses que celles qui existent entre les colonies et la bande **e 2**, verticalement plus éloignée et composée de roches différentes.

Ce fait contribue à démontrer, non moins que les observations précédentes, que le phénomène des colonies dérive des circonstances naturelles, qui ont réglé l'apparition et la succession des faunes dans notre bassin et nullement des perturbations mécaniques de ses formations sédimentaires.

La consanguinité, sans identité absolue, entre la faune coloniale et la faune troisième, semble bien nous indiquer, que l'une et l'autre proviennent d'un même centre de création, inconnu jusqu'à ce jour, mais dont nous avons admis l'existence dans notre interprétation de l'origine des colonies. (Voir ci-dessus p. 172).

Conclusions générales des études qui précèdent.

Les observations topographiques, pétrographiques et stratigraphiques, exposées dans cette étude, concourent également à nous montrer, que l'origine des enclaves coloniales est aussi naturelle et aussi normale que celle des formations sédimentaires de notre étage **D**, entre lesquelles elles sont intercalées.

Par conséquent, l'époque de l'existence de notre faune coloniale se trouve établie par les lois stratigraphiques, aussi évidemment que celle de toute autre faune connue, sur un horizon quelconque, dans la série verticale des terrains. Ainsi, cette détermination géologique de la date des colonies est complètement indépendante de la nature zoologique de la faune qu'elles renferment.

D'après les documens exposés, la faune coloniale est donc contemporaine des phases de la faune seconde, qui existent sur les horizons correspondans. Parmi ces phases, nous devons d'abord compter celle qui caractérise la bande **d 4**, dans laquelle apparaît la plus ancienne de nos colonies, qui est aussi la seule jusqu'ici connue sur cet horizon; savoir, la colonie Zippe. Mais, c'est principalement durant l'existence de la dernière phase de la faune seconde, caractérisant la bande **d 5**, que toutes les autres colonies se sont successivement introduites en Bohême.

D'un autre côté, nous avons constaté, que la faune coloniale est liée par les plus intimes connexions spécifiques, avec les premières phases de notre faune troisième, qui sont renfermées dans nos bandes **e 1** – **e 2**, à la base de notre division supérieure.

Comme les colonies sont verticalement étagées sur divers horizons, il s'en suit, qu'il y a diverses alternances entre les premières phases de la faune troisième qu'elles représentent et les dernières phases de la faune seconde.

Ainsi, le phénomène colonial peut être défini comme *consistant dans la coexistence partielle de deux faunes générales qui, considérées dans leur ensemble, sont cependant successives.*

Cette définition reste littéralement telle que nous l'avons formulée, il y a longues années. Nous ne saurions l'exprimer en termes plus exacts, ni plus clairs.

Nous considérons donc ces termes comme renfermant la solution complète et finale du problème des colonies, considéré dans la sphère des faits positifs, c. à d. constatés par les observations directes et combinées de la stratigraphie et de la paléontologie.

Si l'on veut remonter jusqu'à l'origine des colonies, on est obligé de sortir de la sphère des faits, pour entrer dans la sphère des intuitions spéculatives. Nous avons essayé, dès 1851, de présenter une interprétation de cette origine, de manière à expliquer tous les faits observés en Bohême. Nous venons de la reproduire ci-dessus (p. 172), en faisant remarquer sa nature hypothétique. Nous ajouterons encore, qu'elle pourrait être remplacée par d'autres interprétations quelconques, plus heureuses et plus complètes, sans que cette substitution puisse affaiblir ou altérer, en aucune manière, la solution positive du problème colonial, dont nous venons de rappeler la formule.

A ce point de vue, il ne nous reste donc rien d'important ou d'essentiel, à ajouter à la solution énoncée. Les documens que nous nous proposons encore de publier, sont uniquement destinés à compléter l'exposition de nos études coloniales. Ils consisteront:

1. Dans la carte générale, montrant la zone coloniale et les zones concentriques, adjacentes.

2. Dans les descriptions de diverses colonies, qui n'ont pas encore été publiées, dans nos travaux précédens.

3. Dans l'explication de quelques particularités stratigraphiques, relatives à certaines enclaves coloniales, et qui ont été déjà sommairement indiquées, comme: la stratification transgressive de la bande **e 1**, sur l'extrémité Sud-Ouest des colonies situées aux environs de Litten; la discordance de stratification entre les colonies de Mottol et Béranka et les couches redressées de la bande **d 4**; enfin, les effets remarquables de dénudation qui ont fait disparaître, en certaines localités, une partie de la formation culminante de schistes et de quartzites de la bande **d 5**, qui recouvrait originairement la zone coloniale.

Ces études locales ne constituent pas une extension de la solution du phénomène colonial, considéré dans son essence. Elles n'ont d'autre but que de compléter l'explication de toutes les apparences stratigraphiques, qui ont rapport aux colonies, dans notre bassin, et de présenter l'ensemble de nos observations paléontologiques, que nous avons déjà partiellement exposées dans diverses publications.

Notre carte principale, sur une grande échelle, présente, dans sa partie centrale, toute la surface du bassin calcaire, constituant la division silurienne supérieure. Elle indique l'étendue et les relations horizontales des 4 étages: **E—F—G—H**, qui composent cette division.

En outre, 4 cartes topographiques spéciales, que nous avons préparées, sont destinées à illustrer les localités les plus importantes, savoir: les environs de Litten, de Karlik, de Ober-Czernoschitz et de Gross-Kuchel.

Nous espérons, que ces documens contribueront à attirer sur le bassin silurien de la Bohême toute l'attention scientifique qu'il mérite.

Prague, 25. Mars 1870.

J. Barrande.

Postscriptum, 10. Mai.

Nous considérons comme un devoir de constater, que le respectable Chev[r] de Haidinger, fondateur et premier directeur de l'Institut Impérial Géologique, nous a exprimé, dans sa lettre du 1er Mai, ses cordiales félicitations, au sujet de la solution scientifique, qui a mis fin aux débats sur les colonies.

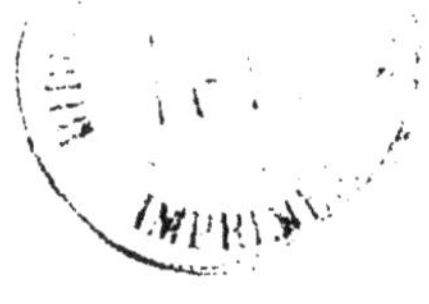

J. B.

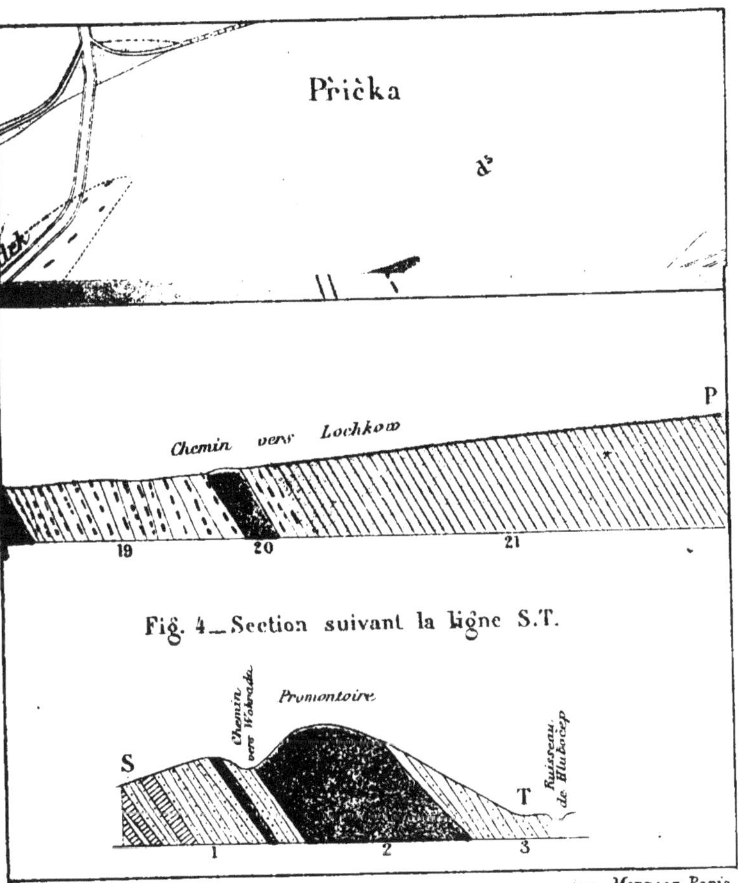

Fig. 4 _ Section suivant la ligne S.T.

Imp. Monrocq Paris.

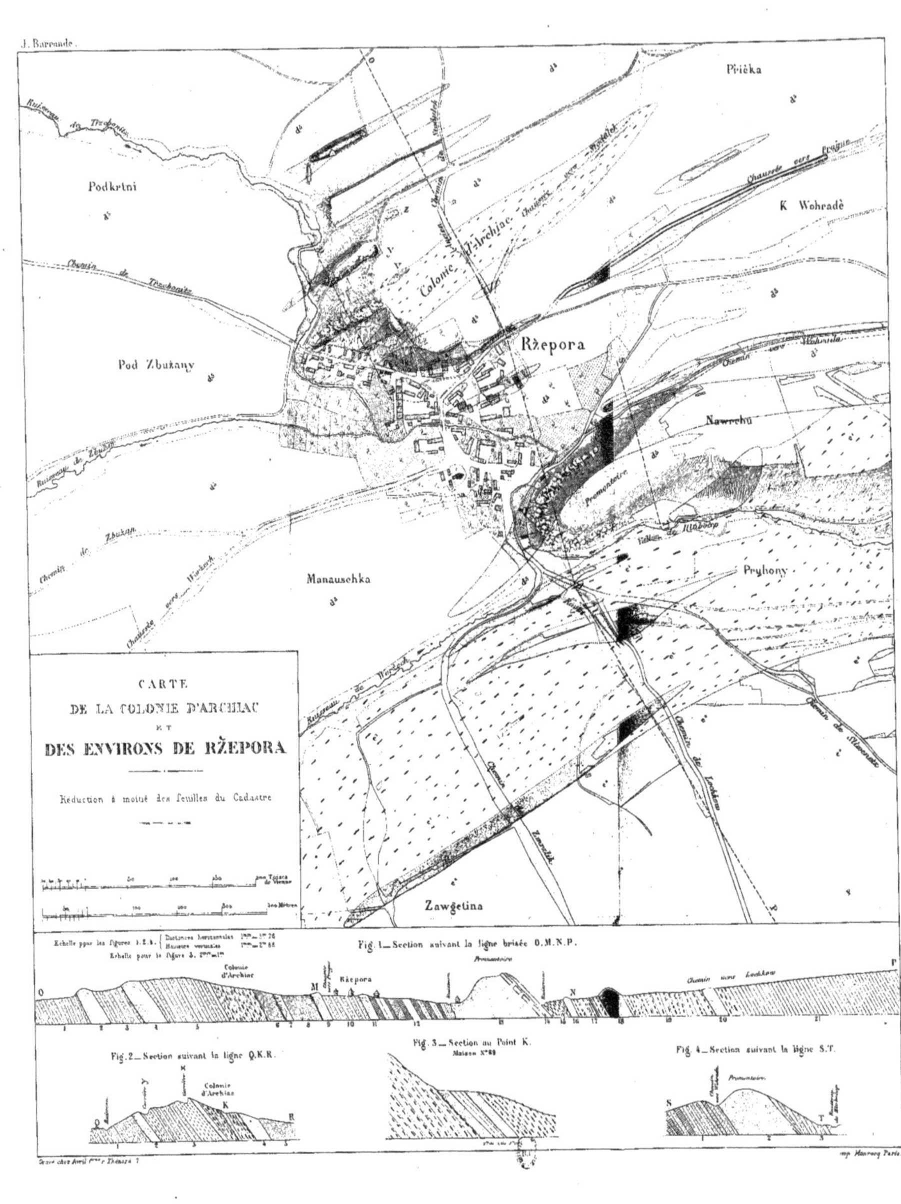
J. Barrande.
CARTE
DE LA COLONIE D'ARCHIAC
ET
DES ENVIRONS DE RŽEPORA
Réduction à moitié des feuilles du Cadastre
Prička
Podkrtni
K Wohradě
Colonie d'Archiac
Ržepora
Pod Zbužany
Nawrchu
Manauschka
Pryhony
Zawgetina
Fig. 1 _ Section suivant la ligne brisée O.M.N.P.
Fig. 2 _ Section suivant la ligne Q.K.R.
Fig. 3 _ Section au Point K.
Fig. 4 _ Section suivant la ligne S.T.
Promontoire

www.ingramcontent.com/pod-product-compliance
Ingram Content Group UK Ltd.
Pitfield, Milton Keynes, MK11 3LW, UK
UKHW021143260726
13994UKWH00001B/269

9 782329 343259